怪奇海產店 II

吃不過癮 那就續攤

黃之暘 著

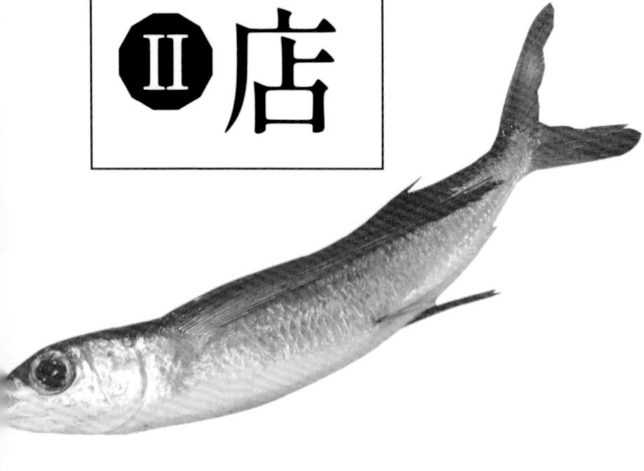

adidas

怪奇海產店II

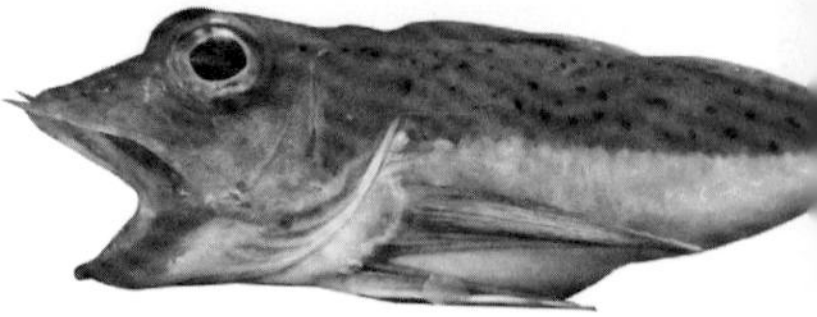

吃不過癮　那就續攤

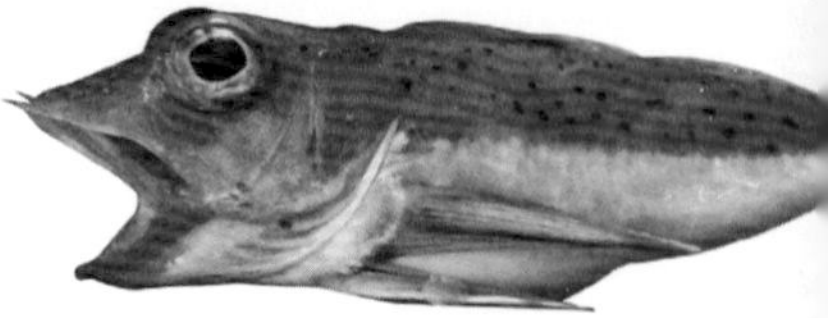

吃不過癮　那就續攤

自序

等等，我想加個菜！

怪奇事物俯仰皆是，但沒有比可烹調、可上桌的食材更讓人感到樂趣十足，垂涎期待。既可以依據各自理解與喜好料理調味，又可以呼朋引伴一同享用；特別是那些長久以來總被忽視或誤認，以及我們以為知曉，但實則完全不同的食物或食材。怪奇海產店II的內容，其實在前一本《怪奇海產店》再版當下即已完成，只是礙於版面無法全數接納。不過，也因為擔心大家對於這些樣貌少見多怪的組成，一時可能難以接受，更遑論入口下肚，因此便挑選部分種類匯集成前一本，先探市場水溫，待大家或有回神，或有勇敢一試，真覺內容除有幾分真實、幾分戲謔也不乏些許樂趣後，方才將文稿稍加整理推出。未免遺珠之憾，又希望能透過這些在魚市菜場、小店餐廳確實可見也能嚐到的怪奇食材，讓大夥同好更加關注這些食材背後所衍生與資源、產業乃至風土人情相關，最好，還能親臨現場。所以在第二本中，我們加入了推薦踏查的傳統市場、魚市場與批售

產地，讓體驗特殊水產食材，不為譁眾取寵，而成為對應風土乃至體驗百味的日常樂趣。

「我想加個菜」，既是經常與家人與朋友在外用餐時，菜過五味後所常有的當下習慣，同時也是針對那現身於冰檯、櫥窗或水槽中，但卻未見於菜單食材的自然反應。當然，也包括分別於店家開張營業前後，瞥眼瞧見後廚與員工自理用餐時，令人好奇與感到濃厚興趣的特殊食材或清修剩餘部位。但更多時候，往往是在漁獲產地的混獲收成中，或是搭伙漁夫船員中餐及晚餐的大鍋雜煮，或一方面收成挑揀、一方面直接入口品嚐的直球對決。而部分乾貨，則來自幼時偶然嚐到的大人風味；當時吃不懂，但當如今再次嚐到時，不免已然故人已去，即便稍能吃出箇中風味一二，卻不免徒留唏噓。

有別於慣行生產、滿足大宗需求的撈捕或養殖魚貨，這些偶然混獲、外型樣貌不佳、罕被品嚐甚至連名字都沒有的水產，其實妥善料理並認真品嚐，不但是反映季節時令，最顯真實且敏感的食材，同時搭配呼應風土的打理調味，還多能藉此一窺有趣的時空演進，當然也包括了其名稱、品嚐乃至加工形式的微妙變化。

依循前一本的章節安排，本書依舊以點餐或品嚐的順序，精心挑選出推薦一試的開胃前菜、主菜、宵夜與調味等款式，揣摩每每在面對種類繁多的河鮮海味點餐考驗時，可以嘗試從中找出自娛娛人的巧妙組合。當然，若要單點一道也同樣歡迎不受拘束；特別是把握時令，按圖索驥的專程前往，書中內容已經盡可能做到正確的產期產季，或是

有較高機率可見到、購得或品嚐地區的資訊提供，但若仍不免向隅，嘮叨隨唸幾句便罷，重要的是趕緊看看有無不期而遇的歪打正著——那不僅樣貌怪，而且美味的有趣食材，同時叮囑拜託請務必慷慨分享，切勿私藏，好讓資源得以充分利用，而尋鮮探奇的樂趣，也能因此延續傳遞。

食物的美好，不僅在於可以填飽肚子，也包括撫慰心情、啟發思緒，當然，應用在道歉賠罪、歡聚祝賀乃至人生重要階段的相戀、結婚到生子慶祝滿月，也總有美味相伴。書中食材或許不見經傳，絕大部分也價格尋常一般，但愈是如此，愈能在品嚐前後，以帶有些許遲疑或抗拒，卻又在入口後頓時因為風味口感獨特，讓皺蹙眉頭如雲破天開，成為對當時氣味、溫度、聲響乃至人物的深刻銘記。

怪奇海產店前後兩本，皆無鼓勵大家非得尋思吃些奇巧稀罕的食材，或所費不貲的囊括收集，而只是將差旅工作前後，憑著興趣嗜好而造訪各地，記錄下這些足以呈現當地特色的有趣吃食或食材。也不乏從生活周遭夥伴經常問到而想一解陌生的提問；與其說過就忘，再問卻又想起，倒不如付梓出版，讓隨手翻閱，愈是投入其中，愈是受不了那有趣名稱、奇特外型或是未知風味，起而動身前往市場、餐廳或產地，感受季節時令與葷素美味之餘，也了解這來自大地與造物主的寶貴餽贈。

也願藉由了解食材，對應風土，並憶起故人往昔，吃得飽足，也吃個好味。

寫於旅外途中，甚是想念臺灣海味之際

黃之暘

前菜・下酒菜

涼拌、滋味鮮明或開胃的小菜

主菜

菜餚中的主角

鮪魚頭　美味大全集

帶著些許無辜、表情木然的鮪魚頭，往往能藉由庖丁高超技巧，陸續取下腦天、面頰與魚眼等部位。整顆魚頭，各個部位各自精采不同，搭配質地對應的生食、紅燒、悶燉、炭烤與乾煎，有趣多變的滋味，教人垂涎欲滴。

由於國內對於鮪魚的料理與品嚐，多循日式操作技法與調味風格，因此一般常見多以生魚片或半生熟的肉塊為主，即便在有著豐富鮪魚收成的南方澳、臺東成功與屏東東港亦然。只是這少見於市場的鮪魚頭風味，對習慣品嚐腹肉或赤肉的多數人而言，不但陌生，甚至感到好奇，並因其分量而驚訝無比。

多數人對於鮪魚的印象，大多離不開大型、昂貴，以及泳速明顯的海洋洄游魚類。

正因少有近距離的觀察機會，就更別說透過外型，了解鮪魚真實的行為生態。

鮪魚屬於海洋硬骨魚類，一般常見的種類包括大目鮪、黃鰭鮪、長鰭鮪、長腰鮪與俗稱黑鮪的藍鰭鮪，而後者還可藉由分布、洄游路徑與捕獲海域的不同，區分為南方黑鮪與北方黑鮪；兩者除有明顯的體型大小差異，風味口感與商品價格也多有不同。鮪魚為適應高速泳動，因此不但體表光滑，同時除了尾鰭外，各鰭基部皆有凹槽，以利向前奔游時可以降低阻力。悉數種類，除皆是活力與爆發力驚人的運動健將外，同時也是視覺靈敏且口味刁鑽的掠食者，舉凡魷魚、飛魚、秋刀魚或鰹魚等，都是他們喜好的食物組成。鮪魚在魚眼與心臟周圍，都有特殊的迴路，用以有效保溫或提昇溫度，因此在低溫海水中仍能靈活敏捷。同時隨體表深入靠近脊椎的內部，體溫亦有遞增現象，在魚類中相當特殊。

鮪魚是全世界都喜好的海洋漁獲，不僅身形分量壯碩，同時滋味非凡，所以不論歐美或亞洲，有養殖與撈捕，也有冰鮮或冷凍保鮮儲運，但一般仍以生鮮品嚐為主；或以醬汁入味、將表面炙燒後品嚐，且與鮭魚、旗魚與海鱺等，為綜合生魚片拼盤中的常見取材或必備款。一般鮪魚的食用部位取材左右背側與腹側肉質，或依據種類、體型及其肥滿程度，將腹部區分為中腹（chyu-u-toro）或大腹（O-toro）。不過對於喜好品嚐鮪魚

的饕餮而言，喜好俗稱赤肉（akami）的背肉勝過腹肉，同時深知鮪魚真正富於特殊美味與誘人口感處，往往在處理相對麻煩的偌大頭部以及內臟。在日本，專注於鮪魚一本釣的釣師或職人，多會將釣獲到的鮪魚心臟與胃部取出用以祭祀神明；而在國內，經驗老道的分切或料理師傅，將之轉變為一道道誘人鮮美，讓人垂涎欲滴的料理。

為講究鮮度確保品質與價值，分切師傅多會優先處理魚體，將魚體分切為左右背腹共計四枚肉磚，以利進行後續的熟成存放，或再經清修切製成生魚片。待區分部位的鮪魚肉磚移入低溫保鮮或熟成後，方才回頭處理考驗功夫與耐心的鮪魚頭。

魚頭的處理費事耗時，且必須對鮪魚構造有深入了解與多年處理經驗。若非老手，鮮少人會留意其品嚐價值，而僅多取下俗稱下巴的胸鰭前緣或肩帶，或者僅由兩側下包含面頰部位肉質的魚眼一副，並以相對其他部位划算許多的價格，將本求利販售以賺得微薄工錢。

每年國曆五至七月的黑鮪季，體型動輒二、三百公斤的黑鮪，那油脂分布不輸大腹，且擁有爽脆彈性的胸口或下巴，以及分別自額端取下的「腦天」，與帶著魚眼的面頰肉，都因為筋膜分布及質地與身體其他部位大不相同，且各具鮮明風味與特色，因此成為許多老饕專注尋覓，同時甘願耐心等待的美味素材。

部分標榜在地取材或是強調原味料理的餐廳，偶爾會以豪邁的烘烤或紅燒分量驚人的半副鮪魚頭，讓食用者留下深刻印象；雖然多是剖切的半枚魚頭，但仍需同餐三、五親朋好友才能享用；唯一可惜的是，單一風味不免稍顯濃膩，因此不易感受食材在風味與口感上的特色與層次。而在鮪魚拍賣市場周邊或提供小量出售的分切市場，則有提供各類在打理鮪魚時所揀選的魚雜，或是將偌大完整的鮪魚頭，以分切後剁塊的方式，並依據魚眼、面頰或是下巴等部位搭配價格區分，以方便後續烹調料理與品嚐。

由額端取下的腦天，甚是考驗著料理者的刀工，只要能去除影響口感的筋膜，堪稱極品。魚眼適合煮湯，加入兼具調味提鮮效果的鹹菜或酸菜心，面頰肉則適合切塊後先煎後燉，特別是與切塊的胡蘿蔔、牛蒡與香菇，滋味甜香有餘，同時膠質與脂肪豐富，口味絕佳。

同場加映

鮪魚可食部位不僅是多以生鮮品嚐的背肉與腹肉，其實在分切打理鮪魚的過程，由腹中取出的臟器，甚至是卸下左右背腹後的龍骨（脊椎骨），只要深諳屬性質地特色且料理得法，也是值得把握的迷人美味。鮪魚的心臟與胃部，可以經過汆燙後以辛香佐料搭配醬汁快炒，爽脆芬芳的鮮明口感相當誘人；而魚卵則經炊蒸後烹炸，放涼切片蘸以美

乃滋，風味也相當特殊。至於魚骨周邊，則可趁鮮度良好時，以貝殼或調羹刮下表面附著的肉質，作為製作鮪魚蔥花軍艦的絕佳取材；斬斷成段的龍骨，則以品嚐其中如同膠凍般的骨髓為主，清蒸趁熱或冰鎮後以酸香的梅醬搭配，風味也十分獨特。

快速檢索

學名	*Thunnus* spp.	**分類**	硬骨魚類	**棲息環境**	近岸表層
中文名	鮪魚	**屬性**	海生魚類	**食性**	動物食性
其他名稱	英文通稱為tuna，黑鮪則為Blue fin tuna；日文漢字皆以同中文字表示。				
種別特徵	所有種類的鮪魚皆具紡錘體形，以利海洋中的快速活動；體表具鱗片但因光滑而不易察覺，多數具深藍背側與銀灰腹側，背鰭兩段，尾柄上下緣則具有鋸齒狀的小離鰭。胸鰭偏上位，除尾鰭與離鰭外皆於基部具凹槽，以利快速泳動時使鰭收納平貼。				
商品名稱	鮪魚	**作業方式**	定置網、延繩釣、一支釣；目前在地中海、澳洲與日本周邊海域則有特定種類的養殖。		
可食部位	魚肉、魚眼與內臟。	**可見區域**	南方澳、臺東與屏東東港。		
品嚐推薦	多以具有相關作業或卸貨拍賣的地區為主，包括南方澳與蘇澳、臺東成功或屏東東港。				
主要料理	生鮮品嚐、乾煎、紅燒或烘烤。	**行家叮嚀**	風味口感隨種類、體型與肥瘦差異甚大。		

鱈魚肝

營養味美，一吃兩得

魚肝可來自鮮度絕佳的現流漁獲，也可自經久耐藏的進口罐頭，隨著種別與調味不同，雖以不同形式料理，但卻各具特色且風味鮮明。除了美味之外，還能補充維生素A，藉以保健視力的營養來源。

取材內臟為食材或做料理，向來對於飲食多有顧忌挑剔的人們而言敬謝不敏；其中口感特殊、氣味強烈的肝臟，顏色與質地多讓人無法接受。但取自溫帶魚類如鱈魚或鮟鱇的肝臟，不僅滑嫩可口，還能補充人體所需維生素，品嚐美味之餘，同時保健視力。

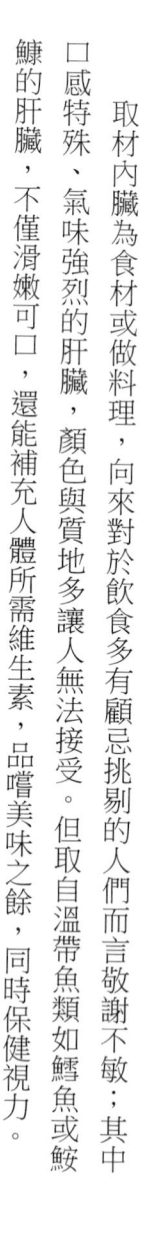

在溫帶地區，鱈魚（cod）是捕獲量大、廣泛食用且具不同加工部位與形式利用的撈捕魚種，主要原因除了肉質細膩且骨刺甚少外，重要的是剛好符合歐美人士喜好白肉更

勝紅肉魚種的料理與口味偏好；特別是一般料理多以乾煎、烘烤或烹炸魚片、魚塊或魚柳為主的形式，而在去骨、剔刺與撕皮後的其餘部位，自然成為應用於各類加工的主要取材。溫帶地區出產的鱈魚，外型上具有稍顯延長的紡錘體型、截形尾、三段式背鰭，以及位於下頷處的游離短鬚等特徵，可用於與其他種類區分。從數十公分的小型種，到體重可達近百公斤的大型種類，都是重要的經濟物種，並依據取材部位不同，分別以魚卵、魚肉與魚肝等商品銷售。

相對於魚肉，魚肝擁有更加豐富的鐵質與維生素A，對人體具有相當好的支撐與補充效益；特別是其取材海洋撈捕魚類，佐以美味料理的適度食用，往往可以同時享受美味與營養。而其特殊的風味與口感，更是佐餐或配酒的好搭檔。

如今在一般超級市場或專售進口食材及南北貨的商行中，皆可購買到來自歐洲的魚肝罐頭。經高溫蒸煮，再以醬汁或油脂浸潤的密封罐裝形式，因此開罐便可食用。部分餐廳會搭配諸如生菜、洋蔥或兼具調味與配色的彩椒、芽菜與檸檬片等材料，讓風味鮮明且口感均衡，賞心悅目之餘，分量也更顯澎湃。

魚肝不但是魚類儲存能量的主要臟器，同時也是雌性生成用以繁衍後代卵黃的重要

來源。此外，一般衡量魚體肥滿與否，甚至用作為評估風味良窳的參考，肝臟與體重的比例高低，也是重要的指標。

不同魚種的肝臟，往往因為具特殊的風味與口感，讓喜好這風味的饕餮，難以忘懷甚至專注相關料理及其品嚐。不過卻也因為肝臟質地脆弱，並含有豐富養分，且為腹腔中分量（體積或重量）比例最大的臟器，因此倘若保鮮不當，很容易因迅速變質，或因為宰殺處理過於疏忽而導致汙染甚至腐敗。因此若要享用魚肝鮮美風味，建議必須確認鮮度狀態，並且把握時間盡速處理。

罐裝魚肝因來自水產加工的一貫作業，因此從漁船卸貨、宰殺、處理至裝罐後的密封與殺菌，都有兼顧品質與衛生安全的完整程序，因此只要在運輸過程沒有碰撞或失去密封條件，同時在保鮮或推薦品嚐時間之內，多可維持穩定的品質與風味，在採購或享用時無須過度擔心。

炎炎夏日脾胃不開，加上大量冰飲持續不斷，往往讓人食慾全無，此時若能來上一些滋味鮮香，不僅冰涼開胃並能補充隨汗水流失的鹽分。而那伴隨著香酸的檸檬汁、爽脆中帶著些許辛辣的洋蔥絲，或有色彩繽紛生菜、芽菜與番茄提味增香的涼拌魚肝，正是方便、平價且美味的首選。如果不偏好這種稍顯強烈的鮮明氣味，也可以取柚子醬

油，加入些許味醂調開，搭配海苔絲與柴魚花，並以磨成泥狀的白蘿蔔化解過於濃郁的口感，也十分鮮爽清新。

部分餐廳則會取罐裝鱈魚肝瀝去醬汁與油脂，過篩後調入蛋汁或與製作豆腐相同的豆漿，再以鹽滷緩緩拌勻，製作別具風味的魚肝豆腐，不然則是研磨後製成蘸料，搭配生魚片或握壽司一同品嚐。西式的料理方式，多有將魚肝直接抹於香脆的麵包食用，或切塊後裹上粉漿乾煎，或入油鍋中烹炸，那入口後的濃郁香氣，更加凸顯食材的誘人芬芳。

同場加映

除了罐裝魚肝可供方便輕鬆享用，部分專營生魚片的鮮魚攤、海產店或日本料理店，偶爾可見鮮度絕佳的魚雜。特別是質地綿密且氣味濃郁的魚肝，經汆燙或炊蒸後，可作為冷盤涼拌、乾煎烹炸或經過篩後調入醬汁。本地常見的魚肝料理，除了取自現流撈捕或誘釣鰹魚、紅魽與剝皮魨的肝臟。基隆與澎湖亦有將刺河豚的肝臟趁鮮取出，然後以炊蒸方式保留其入口即化的細軟綿密。除了與刻花的軟絲薄片一同汆燙後品嚐外，也可取出與醬汁攪拌，淋在白飯上，其濃郁滑潤的香氣，與日本料理中量稀價昂的鮟鱇魚肝，絲毫不遑多讓。而若有機會品嚐帶皮鹽烤的紅目鰱或大目鰱，也別錯過腹中那副肥滿芬芳的魚肝。

快速檢索

成分	魚肝	**分類**	特定部位	**葷素屬性**	葷食
取材來源	鱈魚	**加工類別**	水煮或油浸	**販售保存**	密封或罐裝
商品名稱	英文稱為Cod liver或是Fish liver。				
商品特徵	多由溫帶地區生產製造，主要取材來自大量捕獲，取肉或加工後的副產品；例如常見的魚肝罐頭，便是鱈魚經宰殺後收集肝臟所製成的調味即食商品。風味特殊且價格平實，廣泛見於一般海產攤或熱炒店，雖部分商家偶以鮟鱇肝為名販售，但風味口感與價格皆相去甚遠。				
商品名稱	魚肝、鱈魚肝	**烹調形式**	直接食用、調味涼拌或製作醬汁。		
可食部位	全數可食	**可見區域**	一般商場皆有販售，店家餐廳則多代為調味搭配後出售。		
品嚐推薦	由於方便購買，同時製作簡單，因此在家亦可方便享用。店家則多有盤飾或特殊調味，一般熱炒店、海產攤或居酒屋皆有販售。				
推薦料理	涼拌、調製蘸醬或裹粉後乾煎。	**行家叮嚀**	建議選擇商譽卓著大廠並留意保存期限；然不喜內臟氣味或對相關食材敏感者，則建議淺嚐輒止。		

溪蝦

彈跳高手

可以是溪邊玩耍時偶然出現在腳邊搔癢的小蝦，但更多時候的相遇，則是在山產店或海產攤上的不期而遇。沒有過多調味，就只是吃個炸得通體酥脆，再配上蒜瓣、辣椒與胡椒鹽的鹹香。特別是那高溫油炸後殷紅亮澤的誘人體色，搭配冰涼的酒水，充分體現了「吃巧不吃飽」的豪邁痛快。

溪蝦是野炊露營時，偶爾在湖畔或溪邊，或是釣魚時在淺水處不時出沒的小傢伙。這活水鍛鍊下的個體，不但肉質鮮香清脆，同時甘甜無比，搭配山林環境，品嚐時更具野趣。雖然外形分量難比養殖或撈捕海蝦，但有特殊的品嚐樂趣。

一只不足盈握的淡水小蝦，卻有著長度與身軀等同的螯肢。成熟的雄性個體，一對黝黑粗壯、隨種類不同而於表面布滿絨毛、棘刺或特殊色彩與斑紋的螯肢，除了是種類分辨的重要參考依據，同時也是擒獲獵物與競爭配偶時的絕佳利器。這些溪蝦也被稱為「河蝦」或「過山蝦」，尤其是後者這赫赫有名的稱呼，大多來自對於個體分別於離水攀爬與降海繁殖[1]時優異能力的描述，因此多數人也因此認定，這些小蝦不僅嚐來美味，以燒酒烹煮，更能固本補益，讓人精氣十足。

溪蝦會隨成長而蛻殼，且伴隨每次蛻殼體長增長不少。只是蛻殼過程，往往因伴隨暫停攝食、暫時軟殼並失去防護與抵抗能力，仿若面對生死關頭的挑戰；特別是在殼甲尚未充分吸水膨脹與硬化之前，稍有不慎，便成為環境中其他魚蝦的攻擊目標，當然也包括貪嘴好吃的同種。降海（catadromous）繁殖的多數沼蝦種類（*Macrobrachium* spp.），其幼生必須在具鹽分的水中發育與變態，並且度過一段浮游階段，最終才會歷經變態（metamorphosis）與成長，具有如成體般具體而微的外觀，伴隨蛻殼持續成長與成熟。

1　多數種類幼生需在具一定鹽度的環境中完成初期發育與變態，因此多有降海習性。

多數種類溪蝦的身形嬌小，雖無專業養殖及其供應，但卻因為其分布範圍廣泛，在山產店中多有銷售，而部分周圍具有溪川湖泊的風景名勝、臨近淡水蝦類或相關水產種類飼養，乃至標榜在地特色的風味餐廳中，也多有販售相關取材的特色料理。近年流行的野炊或露營活動，或伴隨衍生的夜釣、抓蝦與溯溪等，也不時將撈捕及品嚐溪蝦，作為提供體驗嘗試的有趣行程。

在傳統的江浙料理中，會將這些淡水小蝦依據體型與來源區分利用，看重的就是那細緻滑潤的質地，以及淡雅鮮甜的細膩口感。除了將小蝦剝製為蝦仁後，以諸如「清炒河蝦仁」或「龍井蝦仁」等料理呈現，亦有將這因顏色多呈淺淡灰綠同時略有透明而稱為青蝦的近似種類，僅取抱卵雌蝦腹部的蝦卵，經搓洗過濾與日光乾燥後，作為烹煮羹湯或添加於麵點餡料中調味提鮮使用。其腥味香醇濃厚，多令人一試就著迷。而其濃郁的芬芳，也多被巧妙地表現在如「蝦籽烏參」等宴席菜式之中。

溪蝦的體型不大，因此通常以全蝦直接料理，或者經過高溫烹炸後整尾入口，並不另加剝殼，但若抓獲或購得為稍具分量者，則多須將那對延長螯足摘除。亦有為方便入味或便於品嚐，而將頭端鬚腳或樣貌尖刺的蝦尾末端剪除。不過為求方便料理並口感一致，最好選擇體型接近或分量大小相同的。建議不妨挑選體型約莫四到六公分或稍稍

偏小的溪蝦，因其有著尚稱輕薄的殼甲，不致影響咀嚼，還能感受那晶瑩剔透的細膩肉質，以及質地間的鮮甜芬芳。

一般會將蝦體在清水中充分漂洗，並挑去夾雜其間的異物；講究的則會以活水蓄養，待蝦子排去腸腺中的雜物，藉以去除可能影響後續品嚐的異味。若是單取蝦仁，則除需耐心仔細的去除頭尾與蝦殼外，還需將蝦仁分別以蛋清與食鹽抓醃，在料理上稱為「漿」的過程，將使蝦仁風味更顯脆彈清甜且鮮香。

相對於多數食用蝦類，溪蝦以其特殊形態、來源與種類組成而令人感到好奇，但真正讓人感到印象深刻甚至驚訝的，是那應運而生的特色料理。這些料理，古今中外皆有，同時以其特殊品嚐形式與風味延續迄今。如上海菜中的「滿場飛」，便是取材溪蝦製成的特色料理，其也被稱為「嗆蝦」或「醉蝦」，但卻與一般具有近似或相同名稱的菜式大異其趣。上桌的餐點多是以海碗盛裝的活蝦，並附上黃酒及一平盤，食用前先將黃酒傾入並立即蓋上大盤，此時蝦子受酒精刺激而迅速抽彈並發出聲響，隨後待蝦子醉暈且體力殆盡而聲響漸歇後，便可開蓋品嚐。搭配調味多為更襯蝦肉清甜的酸香醋汁。而正統的龍井蝦仁，也須由這氣味清香且風味鮮甜的溪蝦方能完整演繹。

原住民對溪蝦的料理，則多以熱油烹炸或煮湯。前者炸至通體酥香焦脆後趁熱品

嚐，或常與辣椒、蒜頭與九層塔一同料理，感受那殼甲的腥香氣味與其中濕潤香甜的肉質；而後者則多以竹筒盛裝，並以在火堆中燒至滾燙的卵石丟入裝滿小魚、溪蝦或各類野外菜蔬的配料，除了瞬間滾沸鎖住食材原味外，憑添許多野趣。

同場加映

與溪蝦一同被捕獲的，通常還有同樣是蝦類但身形更加嬌小迷你的「米蝦」，或是其他諸如溪蟹、溪魚或是淡水螺貝等特殊食材。米蝦因體色黝黑，所以也被稱為「黑殼蝦」，雖然食用價值不算高，但在部分地區則仍會以油炸或醃漬（例如製膎）等方式品嚐。而由溪哥、紅貓或石鱝等小型鯉科及蝦虎組成的溪魚，則多是不分種類而僅取近似大小，悉數炸至酥脆後撒上胡椒鹽品嚐。體型稍大的苦花，會串起以鹽烤或搭配野薑花煮湯享用。而在溪蝦棲息的水域中，也多有包括川蜷、石螺、河蜆或田蚌等淡水螺貝類，依據體型大小、質地特色與口味偏好，不論是以辛香佐料快炒入味，或是滾煮薑絲清湯，風味也不差。

溪蝦

快速檢索

學名	*Macrobrachium* spp.	**分類**	節肢甲殼	**棲息環境**	溪川湖塘
中文名	沼蝦	**屬性**	淡水蝦類	**食性**	混合食性
其他名稱	英文通稱為Freshwater shrimp；日文漢字則為手長蝦。				
種別特徵	多數種類具有一對延長且末端呈剪狀的螯肢，尤其雄性最為明顯，且其螯肢形式、顏色與表面絨毛有無或缺刻齒數，是種類分辨重要依據。頭胸甲比例明顯，同齡個體以雄性體型較大，個性剛烈兇猛，種內多具殘食性（cannibalism），部分種類則因具兩側洄游（amphidromous migration）或降海行為，故對鹽度變化具良好適應性。				
商品名稱	溪蝦、河蝦、長臂蝦或過山蝦。	**作業方式**	休閒娛樂多於夜間以蝦網捕獲，商業則有以陷阱籠具誘捕或養殖。		
可食部位	體型不大者整尾食用。	**可見區域**	臺灣各地。		
品嚐推薦	具有溪流、河川、湖沼或水庫之鄰近地區皆有，亦不乏與泰國蝦混養或由其蓄養後出售之類似商品。				
主要料理	鮮活品嚐、烹炸、烘烤或煮湯。	**行家叮嚀**	以體型適中或偏小者為佳。		

蝦猴

隱藏版風味

潛藏於泥灘中的隱者。曾是西部漁民在漁暇時捕捉，當作生活中風味與蛋白質的補充來源；如今卻因為機械大量採捕的過度利用而顯困頓；況且，隨著當地耆老與傳統風味凋零，再難見到在店鋪或廟前廣場以痀僂身影販售鹹蝦猴的長者，自然，體驗傳統風味，也只能碰碰運氣。

隱身於泥灘地中的蝦猴，因潛藏穴棲而不易被人發現，就算潮水退盡，也僅能在泥灘地上見到一枚枚如迷你火山錐般的巢穴痕跡；若僅追逐盛名品嚐，而不詳就種類特色與特性，或是只是不明就裡的吃到就好，往往不免與美味失之交臂，無緣體會。

介於蝦子與螃蟹間的外型，讓人對於他們總是感到陌生甚至驚奇，況且多數時候隱

藏於泥灘下方的蝦猴，不論是形態、行為與生態，也總讓人難以參透。難怪多數觀光客雖總一窩蜂或湊熱鬧般的在西南沿海吃過嚐過，但仍無法感受資料記載中所描述的風味，甚至想不起當下品嚐時的感受。

俗稱蝦猴的「螻蛄蝦」，是一種長相特殊的節肢動物甲殼類。在分類親緣與演化上與蝦蟹皆保持相對距離，反倒是與寄居蟹較為親近。他有著如蝦類般的延長身形，但在頭部與一對具有絕佳挖掘能力的附肢上，卻反倒與蟹類接近。善於挖掘的蝦猴，主要以質地細軟同時受潮汐浸潤的泥灘地為棲所，然後在下方構築結構簡單卻可充分躲藏且有效禦敵的巢穴；甚至呈現Y字形的巢穴中還有巧妙的迴轉空間，以利個體可以自由活動並持續更新通道中的水質以確保穩定棲息。

蝦猴及其近似物種僅出現於泥灘地中，極容易受到人為開發或是工業汙染危害，或因棲地喪失與環境丕變而導致族群消失。加上身形嬌小、採集困難且並非主要漁獲對象，或具常態性銷售的商業利用價值，因此經常被忽略外，在全球各地的食用與品嚐風氣也相對受限，僅部分非洲沿海或南太平洋島國，會將稍具體型的大型種類視作食用對象，而主要的料理品嚐，以簡單水煮或燒烤為代表。在國內，因應觀光需求及其帶動消費，在西南沿海，特別是彰化鹿港，多有販售蝦猴酥等吃食。然一來如今多使用進口素材，二來不論是料理取材（特別是性別與成熟度）與調理及風味，皆與文字記載與口耳相傳的傳統滋味差異甚大。也因此，以鹽滷燙煮後放涼品嚐的蝦猴——尤其是由體型嬌小的雌蝦猴背部卵巢所呈現的濃郁鮮香，更顯稀罕難得。

傳統的蝦猴採集，完全仰賴人工作業。主要採集方式，多選擇退潮時分，以一個類似釘耙般的簡易工具，搭配操作者的多年經驗，依據巢穴洞穴的相對位置，以腳踩周圍泥沙搭配震動所造成的細微氣泡或水位升降，進而確認下耙挖掘的位置、範圍與深度，進而翻土挖掘，覓得躲藏其中的蝦猴。

然在近十數年間的作業，為求降低成本並增加效能，因此多以機動性強的改裝車輛、抽水泵浦搭配強力水柱，以大範圍的灌注、攪動與沖洗，破壞至少二、三十公分的

泥沙深度，將蝦猴巢穴破壞殆盡後，再將隨水流一併排出的蝦猴，順著事先挖好的淺溝，不分性別大小的在水尾處張網收集。如此的採集方式雖然快速，成效也相對具體，然而卻不免有竭澤而漁的影響。因此在近年間，蝦猴的資源數量已然大不如昔，甚至還多得藉由保護區的設置，確保這鹿港人口中饒富特色的傳統滋味及飲食文化，可以維持並延續下去。

一般招攬觀光客品嚐的蝦猴，多來自東南亞或其他地區進口的近似種類，經蘸粉或裹漿後，炸至表面酥香、通體酥脆後，趁熱撒上胡椒鹽品嚐。所謂的蝦猴煎，則是仿效蚵仔煎的作法，將其中的鮮蚵以三兩零星的蝦猴置換，雖然口味不差，但主要嚐到的多是煎蛋、菜蔬或是滋味濃稠的醬料氣味，而並非來自蝦猴本身的鮮香。

傳統的蝦猴滋味，在老一輩人的口中與記憶裡，多是鹹腥到不行的獨特氣息。可惜今日卻因為知曉風味、懂得料理並堅持傳統的採集者、製作者再難尋獲，因此數量日漸稀少或僅徒留喟嘆。傳統大多以海水汆燙悶煮成體色通紅的「鹽滷蝦猴」，或直接以鹽分、些許米酒並加入生鮮蝦猴製成的「蝦猴羮（或做胿）」。又因多以雌蝦猴製成，其背部有著一條橘紅色卵巢並發育飽滿的成熟個體，最是鮮美誘人。老一輩人口中甚至多描述是一尾蝦猴可配上三碗糜，那細膩肉質散發的鮮甜，搭配仿若鹹蛋黃般硬實卻顯綿密

的質地；愈嚼愈香的濃縮芬芳，就如同將一只肥蟹的濃郁脂膏，匯聚在分量僅若一小拇指般的蝦猴之中。

同場加映

與蝦猴類似的，還包括了仿若放大版的「蝦蛄」。相關種類在臺灣沿海多有漁獲收成與食用，但真正被大多數人所熟知，進而群起效尤的廣泛品嚐甚至追逐風味，則是因為電影中稱作「撒尿蝦」或「瀨尿蝦」的種類，其所指的便是一具形態特徵，而在英文中多以 mantis shrimp 稱之的蝦蛄。（可參考《怪奇海產店》201頁）

蝦蛄在日本、韓國、中國與臺灣乃至東南亞與南太平洋國家皆有食用，惟隨區域與種類組成不同，多有烹調料理、風味表現與

品嚐價值上的鮮明差異；日本多將背側具有飽滿卵巢的蝦蛄，經汆燙剝殼後作為握壽司的經典風味取材，而在中國被稱為「皮皮蝦」或港粵一帶稱為「撒尿蝦」的蝦蛄，則多以潮汕生醃、大火爆炒、酥炸或以避風塘調味呈現。臺灣偏好海味，口味偏好講究生猛與鮮甜原味的港粵料理外，同時融合漳泉閩客的口味，讓不論是汆燙、清蒸或酥炸的蝦蛄，總有著迷人滋味。

快速檢索

學名	*Austinogebia edulis*	**分類**	節肢異尾	**棲息環境**	河口／泥灘
中文名	美食奧螻蛄蝦	**屬性**	海生節肢	**食性**	碎屑食性
其他名稱	英文稱為Mud shrimp或ghost shrimp；日文漢字為穴蝦蛄。				
種別特徵	具有依比例相對較小的頭胸部，以及向後延伸並逐漸粗大的尾部；前端具有可挖掘洞穴的有力附肢，但因屬穴棲性故視力不佳，眼部比例甚小並多呈現灰白體色。會在泥灘地下方構築具特殊造型的巢穴，並在表面具有類似火山錐般的開口。				
商品名稱	蝦猴	**作業方式**	人力挖取；後則有以水柱沖毀巢穴捕捉。		
可食部位	以殼薄肉鮮的雌性為主，背側卵巢則是誘人風味關鍵。	**可見區域**	臺灣西部沿海以泥灘堆積為主的河口。		
品嚐推薦	由竹北經苗栗至嘉義及臺南鯤鯓一帶皆有，但主要採捕與食用風氣則集中在彰雲嘉一帶，尤以彰化鹿港最富盛名。				
主要料理	生醃、製膎、汆燙、快炒或酥炸。	**行家叮嚀**	挑選時宜小勿大，並以本地產成熟雌蝦優先；建議切莫貪心，少吃多滋味。		

淡菜

乾濕兩味

名稱中有菜，但卻是不折不扣的葷食，滋鮮味美且饒富品嚐樂趣而討人歡喜。風味來源大多集中在肥滿的生殖腺，雌雄皆然，使得食客們對其可以強身健體總有滿滿期待。本島四周沿岸的河口或有分布，但讓淡菜聲名大噪的主要原因，則來自位於閩江口外的馬祖養殖收成，配上風味獨特的老酒，吃肉喝湯，好不痛快。

乍聽之下，很難單由字面一窺端倪，甚至就算親口嚐到，也總覺得名稱似乎與實體難以連結；因為極其鮮美濃郁的風味並不寡淡，或是別具分量的貝肉也並非菜蔬，雖以淡菜稱之，卻是不折不扣的海生貝類。市場中亦多將鮮品與乾製者以名稱區分，前者稱為貽貝或孔雀貝，而後者則習慣以淡菜稱之；惟近年從產地到消費者，已然習慣以淡菜

之名統稱。

所謂淡菜、孔雀貝或貽貝，其實都是外型大小極為近似甚至相同的種類，只是隨地理位置、商品形式與相關利用不同，而有著使用名稱上的差別。其所指的皆是具有食用價值的二枚貝類，與本地經常食用的牡蠣、文蛤或蜆相較，相關種類的殼形多呈現一個略偏歪斜的水滴狀，同時棲息環境多為淡水與鹹水交會的河口或潟湖等淺海環境，並以自行分泌出如毛髮般，但卻極富韌性的足絲，聯結彼此並附著或纏繞於包括木樁、船底或礁岩等環境介質之上。又因為多數種類殼面與殼內的顏色與光澤，所以在北臺灣的八里、淡水或關渡一帶，相關種類也稱為孔雀貝或孔雀蛤。

貽貝是對環境鹽度與溫度具極佳適應能力的貝類，所以廣泛分布於海洋環境之中，不少種類甚至因為人為、生物或水體攜帶，而拓殖至他處，形成外來物種入侵，並造成物種組成與生態環境的變化，顯見其優異的適應能力，甚者還對水利輸送、航行與撈捕作業造成程度不一的影響。

貽貝的肉質豐厚，特別是在繁殖季節中所具有的飽滿生殖腺的雌雄個體，以及稍具分量的體型，加上來源包括野外撈捕與養殖供應，數量堪稱充足，因此不論在歐美或是

亞洲，都有相關料理與常見食用。貽貝烹煮後便會開殼，殼面也多光滑，少有會割傷或刺傷的異物，因此在料理與食用皆方便的前提下，自然頗受歡迎，更何況其肉質軟滑細嫩，同時風味甘醇鮮美，不論鮮食或乾製都具品嚐價值。

產期產季大量收成的貽貝，在歐美多會先經蒸煮後直接凍藏，或以方便料理與品嚐的半殼形式供應，常見於開胃前菜、冷盤沙拉、濃湯或焗烤中添加使用。而在亞洲地區，則會將其蒸煮後乾製，並以日曬脫去多餘水分後，形成名為淡菜的乾製品，格外是在中國東南沿海，多會應用於各類米食或湯點中展現風味。近年來因為

飲食習慣與口味偏好的變化，也不乏仿效歐美品嚐方式，將新鮮食材以奶油與香料拌炒後，搭配酒品一同享受。

貽貝的宰殺處理並不困難，甚至洗淨後直接帶殼烹煮，不論是汆燙、煮湯、快炒或是焗烤，只要經加熱使其閉殼肌鬆脫或剝離後，便會自然開殼展現肥美豐厚的肉質。一般市面所見者，多是已經清潔打理完畢的商品，殼面光滑亮麗，然從天然海域直接採捕或養殖收成，則必須以人力敲去殼面汙損生物、剪除足絲並妥善清潔，好提升商品價值並方便料理。貽貝以足絲附著於礁岩、木樁或吊網上，並以過濾環境中的浮游生物為食，因此不如潛底種類必須先行吐除泥沙。不過附著成長於殼表的藤壺、藻類或其他生物，乃至質地堅韌與其貌不揚的足絲，則須在收成後及銷售前充分除去，以免影響購買意願。個體的肥瘦、鮮度與品質，往往無須試吃，有經驗的好手，僅需隨意撿選幾個並在手中秤秤重量，並藉由殼面潔淨狀態便可精準掌握。

一提到貽貝，多數人的品嚐經驗往往來自西式自助餐或是餐酒館。不論是佐以滋味酸甜醬汁的冷盤，或是加入香料與奶油悶煮，甚至是出現於海鮮湯或燉飯中的貽貝，總有著肥滿質地與鮮甜風味，因此讓分別出現於前菜、正餐或配酒小菜之中的貽貝，總令

人滿口鮮甜，印象深刻。這類料理與調味，正是歐美經常可見的貽貝品嚐方式。

相較歐美，華人飲食中對於貽貝或淡菜的利用，則更顯豐富精采。鮮貝多以簡單的汆燙或酒蒸，享受其細緻軟嫩的質地口感，及在烹煮過程中由殼內滲出的芬芳甘甜。例如在馬祖與中國東南沿海，常見將淡菜以少量滾水或白酒蒸煮，享用原味。此外，正逢肥美之際大量收成的貽貝，也會經蒸煮去殼後再以日曬脫去水分，成為質地稍顯硬實的「淡菜」。脫去水分而在外形、質地與風味上皆有微妙變化的貝肉，多半用於滾煮薑絲冬瓜湯或紅燒五花肉，或是添加於粥點、油飯乃至鹹粽之中，藉以調味提鮮，同時賦予風味、口感與品嚐價值，帶出令人意料之外的經驗風味。

同場加映

早期由於保鮮設備不足，所以經常將新鮮收成的河鮮海味，以風乾或曝曬等方式乾製，以延長保存時間並方便儲運，但卻意外地造就了別具風味與饒富品嚐的樂趣。雖然鮮食過癮，但乾製後的風味，卻有著耐人尋味的十足尾韻。常見者例如「蚵干」或「蠔干」、「淡菜」，俗稱「金鈎」或「開陽」的蝦米，以及或稱為「瑤柱」的干貝；甚至華人觀念中以「鮑參翅肚」為代表的四大海產珍味，也都是以乾製形式保存販售。時至今日，成熟穩定的保鮮與加工技術，明顯豐富了商品形式並延長保鮮時間，但卻難以創造

出經過日光、海風與時間淬鍊出的乾製品所呈現的特殊風味。近來多有食客饕餮追尋記憶中的往昔風味，而這些乾製品，正是重現傳統風味的關鍵要素之一。

快速檢索

學名	*Mytilus edulis*	**分類**	軟體瓣鰓	**棲息環境**	淺海／附著
中文名	紫殼菜蛤	**屬性**	海洋軟體	**食性**	濾食性
其他名稱	英文稱為mussel；日本產近似種類以漢字「蝦夷雲雀貝」表示。				
種別特徵	具兩片對稱的殼貝，外型呈現略偏歪斜的水滴形；由殼貝近殼頂處側邊的縫隙分泌出如毛髮般但卻質地堅韌的足絲，做為附著使用。殼貝厚度適中，內緣珍珠層堆積不甚發達。可食部位為殼內的軟組織，雌雄異體，因此多有白色（雄性）與橘黃（雌性）兩種顏色差異。				
商品名稱	貽貝、淡菜、孔雀貝、孔雀蛤	**作業方式**	以鐵耙撈捕，或以網袋進行吊養或掛養。		
可食部位	軟組織，包括套膜、生殖腺與內臟團。	**可見區域**	臺灣西部沿海，以馬祖生產者品質優異，風味鮮美著稱。		
品嚐推薦	簡單蒸煮便可享受美味；特別是行家多會以少量的水或白酒，搭配半蒸煮的方式，享受殼內肉質與海水釋放出的迷人鹹香，並避免因為稀釋導致風味過淡。亦可在汆燙後蘸以五味醬品嚐。若不排斥明顯濃郁的風味，則推薦可以乾製的淡菜滾煮冬瓜薑絲湯，或作為滾煮鹹粥、蒸煮油飯以及包入鹹粽中的餡料，能讓料理別具風味。				
主要料理	白灼、汆燙、冷盤或煮湯。	**行家叮嚀**	購買乾製淡菜時建議仔細確認鮮度品質，並於料理前略為浸泡溫水脫去多餘鹽分並除去表面雜質；部分還會先以白酒蒸煮回軟並賦予酒香。		

燒酒螺

香辣過癮有樂趣

與其說到那鹹香辛辣的味道，更多的感受，往往來自那腳下不時踏著隨意棄置螺殼，或是聽聞因痛快享受風味而不時發出短促響亮的吸吮聲。如今更加規模化與企業化的經營，讓燒酒螺有了更多的風味與辣度選擇，但唯一不變的，是那人們從中回味孩提的殷殷企盼。

燒酒螺是伴隨許多人童年的香辣風味。每每見到販售小攤，總要來上一包，吸吮滿是湯汁的鹹香之餘，也同時回憶那充滿酸甜苦辣的過往。正如入口後有著海味與醬汁的甜香滋味，也偶會因為不時嚐到苦澀內臟或吸食到寄居蟹而感到惆悵。

軟體動物中一般以螺類統稱的腹足類，在數量比例上佔軟體動物近四分之三的絕對

優勢，但就身形分量、風味表現乃至名氣、價格，再怎麼說也排不到這殼長不過兩、三公分的燒酒螺，但為何人們見到時，總忍不住想來上一些，並在奮力吸吮後僅得些微肉質品嚐，想必箇中樂趣是很難言喻的。這種在食用螺類中身形相對嬌小的種類，其實是棲息於沿岸泥灘或是紅樹林的小型腹足類，或許因為體型嬌小易受掠食生物或敵害覬覦，所以相對硬實的厚質殼貝保護柔軟身軀，同時還以「量」取勝，以數量取得優勢，每當退潮時，總可在泥灘表面或紅樹林下方，見到大量群聚的他們。此外，循著因在淺水處覓食或爬行所留下的痕跡，也能了解他們的活動狀況。每日規律的漲退潮所造成的水位與鹽度變化，他們則透過俗稱口蓋的「厴」來保護，藉由短暫的封閉阻隔以利

度過不適的環境條件，因此擁有相對良好的適應性與耐受性。

這種經修剪後僅剩下約莫小拇指指節般大小的螺類，就算奮力吸吮出所有可食的軟組織部分，也僅有約莫黃豆般的大小。只是那別具風味與樂趣的食用方式，最是引人入勝且讓人難以忘懷而頻頻回味的主要原因。

俗稱燒酒螺的「海蜷」，在全球各地的食用風氣不盛，僅多是產地周邊的濱海居民，偶爾撿拾並與多種食用螺類一同以滾水汆燙後，作為餐前開胃小菜來食用。相對於料理品嚐，分布廣泛且數量相對豐富充足的海蜷，反倒多數在收集後作為投餵紅蟳或騷公等青蟹養殖蟹類，並常見作為育肥以提高商品風味與價格的天然餌料使用。在臺灣，因為早期生活條件不佳，人們得由環境聊勝於無或勉強克難的收集一些不必額外花費的食材，作為閒嗑磨牙的零嘴小吃，因而發展出別具特色的料理方式，類似的食用習慣，在中國大陸東南沿海至東南亞地區也時可見到。

大小不過兩、三公分的「海蜷」，剪去尾部（其實是殼頂或胚殼）後更顯袖珍；只是若不經過剪尾處理，恐怕無緣也無法品嚐到殼貝中的迷人滋味，而鹹香辛辣的醬汁也難以浸潤入味。不論是由臺灣本地採集或是菲律賓進口的海蜷，除會以類似洗衣機原理

的大型滾筒，充分洗淨以去除表面泥沙與碎殼外，同時還須以人力剪去俗稱螺仔尾的殼頂（apex），方能讓殼口與因剪開而形成中通的殼貝空腔，具有可使烹調入味並方便吸食的道理。因此雖然形態嬌小，但烹煮入味的前置處理，可都不容馬虎敷衍。此外，在剪尾過程也會隨時留意鮮度品質，並判斷是否被泥沙或諸如寄居蟹等異物充填或躲藏其間。前者多會利用嗅覺或隨機採樣的試吃，感受氣味是否正常，或是以足部邊緣的口蓋是否緊黏來確認品質鮮度；後者則會將明顯破殼、躲藏寄居蟹或為充填泥沙的死殼等不良品剔除。

因為形態嬌小且殼貝硬厚，所以俗稱燒酒螺的海蜷多難以被當作餐桌上的主要料理取材。因此多被製成美味小點，廣泛的在各大風景名勝或觀光魚市周邊販售。對消費者而言，不消過多花費，便可回憶孩提時分，一邊承受著那辣到雙唇發燙的痛麻感受，但卻仍不斷吸吮著那帶有鹹鮮醬汁的深刻印象，是許多人難以忘懷的童年趣事之一。

海蜷在充分清洗並剪去尾部後，便會傾入鍋中，加入事先由醬油膏、砂糖、沙茶醬與米酒一同調合的醬汁中持續拌炒，藉由滾燙湯汁煮熟螺肉的同時，也讓鹹香風味一併滲入。部分攤商則依據各家食譜，摻入蒜頭、辣椒甚至九層塔等獨門配方。近年還出現以不辣、小辣、中辣與大辣及麻辣等仔細區分辣度的特色調味。甚至還有冷藏真空密封

包裝搭配低溫宅配，讓品嚐更顯方便且不受時間或交通限制，隨手可得。

同場加映

雖然燒酒螺專指取材海蜷製作的風味小吃零食，且早先目的在作為配酒料，以化解飲酒時的辛辣或乏味，而後因為兼具風味與品嚐樂趣，成為大夥躍躍欲試，甚至就此著迷的特殊滋味。不過隨著地理位置與相關資源不同，甚至是陸續有專業製作與販售燒酒螺的商家店鋪如雨後春筍般興起，所以取材種類也愈見多元，常見者如東北角或由萬里至淡水的北海一帶，多會收集「苦螺」或「蚵螺」並以類似方式烹調；而具豐富沙泥灘地的西南淺海沿線，則會將個頭較大同時螺殼外型別具特色，俗稱為「颱風螺」的筍錐螺（*Turritella terebra*）納入製作燒酒螺的取材對象。

近年多有大量繁殖培育、進口活生或冷凍的各類鳳螺（*Babylonia* spp.），以滿足消費市場對相關種類的偏好與需求，而培育至中段、因持續成長而分養或疏養，甚至是部分體型稍小的鳳螺種類，也自然成為製作燒酒螺的取材，以豐富並擴增規模，而使兼具風味、口感與品嚐樂趣的陣容更顯多樣。

鳳螺製成的燒酒螺。

快速檢索

學名	*Batillaria zonalis*	**分類**	軟體腹足	**棲息環境**	河口／沙泥淺灘
中文名	燒酒海蜷	**屬性**	海生軟體	**食性**	碎屑食性
其他名稱	英文稱為Zoned horn shell；日文漢字為「海蜷」，而針對棲息於淡水環境中的近似種類則以「川蜷」表示。				
種別特徵	具有略長的圓錐形外觀，殼貝質地略厚且硬實，大小約為二至三公分，表面具有明顯的顆粒突起，顏色則為黑白相間的斑紋，螺層明顯並具圓形角質口蓋。主要生活於淺海灘塗或是紅樹林環境，對漲退潮之鹽度與水位變化具良好適應性。				
商品名稱	燒酒螺、螺仔、海蜷	**作業方式**	以特製的耙具進行收集。		
可食部位	去除殼頂後的螺肉與內臟團。	**可見區域**	臺灣西部沿海與澎湖。目前則多為自菲律賓進口。		
品嚐推薦	臺灣各地皆有，但主要集中於東北部與西南部，特別是觀光風景名勝地區多有販售。				
主要料理	快炒後浸滷入味。	**行家叮嚀**	可以口蓋之有無做為鮮度品質的判定依據。		

耳烏賊　呆萌模樣

短胖身形加上一對圓圓的肉鰭，以及比例鮮明又仿若帶上美瞳片的亮澤大眼，讓他們有「米老鼠」的美稱。相逢不易，因捕獲量少且鮮度難以掌控，使其品嚐享受格外困難，所以若有機會在市場或攤頭見到，怎容錯過。簡單汆燙後搭配摻入薑絲或芥末的醬油膏，或佐以酸香甘甜的薑醋及五味醬，入口鮮爽，尾韻久久不散。

多數人對軟體動物頭足綱中所屬物種的印象，一是全身滑溜、黏膩，二來則是可靈活擺動或延展且數量明顯的腕足，密布吸盤而攻守俱佳，此外還多有令人出乎意料的情緒表達以及高度發展的智能。不過相對於行動敏捷的鎖管、姿態飄逸輕柔的軟絲，或是行蹤隱匿的章魚，耳烏賊顯然可愛、逗趣且呆萌許多。

雖然一般食用的鎖管，會因為取材種類、捕捉海域或時間不同，而在體型大小上略有差異；小的可能僅一至兩個指節，而大者則粗如小孩臂膀。隨著長度與重量不同，除有質地厚薄與腕足粗細的口感差異，自然也有相對應的料理方式，而鮮甜芬芳且鮮爽脆彈的口感，總能在入口後輕易感受。

被稱為烏賊、墨魚或花枝等種類，其與鎖管及魷魚的最大差異，就是在那相對渾圓飽滿的胴部，以及完整涵蓋周緣的肉鰭。除此之外，多數種類的烏賊在棲地環境，喜好棲息於接近底層的環境，甚至不乏將身體埋藏於砂層中、轉變為與環境近似的體表顏色與質地，或以可靈活變化的腕足搭配特殊動作，模擬諸如寄居蟹或有毒竿螺等樣貌姿態，藉以躲避掠食者的侵犯攻擊。而俗稱「米老鼠」的耳烏賊，則在外形上僅有部分相似，除身形明顯嬌小許多外，同時如同一對大耳的肉鰭，以及相對柔軟的革質鰾蛸，皆為本科物種特殊之處。

中大型頭足類在世界各地，皆有因應不同飲食文化或口味偏好的相關料理。歐美多以率性直接的油煎、烹炸或燒烤表現，而在亞洲則多依據種類不同，細分或對應各有特色的料理。例如在韓國有生食或辣炒；日本則有生魚片、壽司、天麩羅或烤串；在華人餐飲中，常見的包括能感受迷人原味的汆燙、考驗火候的快炒或酥炸，以及廣泛表現於

燒燴與湯菜之中，並不乏交互使用生鮮或乾製等種類繁多的取材，以突顯食材風味與口感特色。此外，除為正餐菜式外，這些口感特殊且風味鮮甜的食材，也不時以炭烤、油炸或混入麵漿及魚漿中，並加工成為包括烤魷魚片、炸魷魚腳或諸如花枝丸與甜不辣等形式，展現風味之餘，也讓品嚐樂趣橫生。

俗稱米老鼠的耳烏賊，就正如每年初夏所捕獲體型不過數公分的咪咪卷（一般對於胴部長度不超過六公分的小型漁獲俗稱），或是產季甚短，多由日本進口的螢烏賊（firefly squid, *Watasenia scintillans*），通常整尾料理與食用，以完整型態，不加以打理或依部位分切。對於帶有內臟的完整漁獲，許多人不免擔心其間風味與濃黑墨汁，但偏好

此味的饕餮，反倒正因此而對其情有獨鍾；因為只要鮮度良好，搭配適當火候，熟度剛好的耳烏賊，不但入口脆彈鮮爽，一口咬下，鹹香湯汁在口中迸發，甚是過癮。

只要品質鮮度良好，不論是生鮮品嚐，或醃漬作成日本料理中的「沖漬（おきづけ）」，或以滾水進行數十秒的快速汆燙，都可以充分享受耳烏賊的彈脆口感與鮮甜風味。而食材鮮度良窳，則可分別從胴部飽滿、質地澄透與眼睛黑白分明與否一窺端倪。再者，亦可近距離觀察體表色素細胞是否仍在縮放，以及隨其改變所造成的明暗閃爍，如果都能符合各項條件，自然無需藉由繁瑣複雜的烹調工序，便可輕鬆感受美味。

常見料理方式以汆燙或乾鍋鹽焓為主，讓食材藉由短暫的高溫迅速收縮，賦予彈脆口感之餘，還能鎖住質地間與胴部其中鮮甜內臟氣味。隨後搭配不同的醬料，可讓風味更具變化。常見者除有薑絲與醬油膏的組合，調入二砂、烏醋與番茄醬的五味醬，或是佐以芥末的清醬油，也能不搶食材風味，但卻讓品嚐更顯變化。當然，空口單吃，享受食材原味也無妨。亦能依具品嚐習慣與口味偏好，將耳烏賊分別搭配快炒、乾煎或燒烤，但須隨時留意火候與烹煮時間，以免過火脫水導致乾癟軟爛，讓食材失去原有細緻口感，使鮮甜風味蕩然無存。

同場加映

臺灣常見食用的小型頭足類，除每年端午以後短暫出現的小鎖管外，便屬不時隨流水被捕獲，俗稱「流爛」的鈎腕魷（*Abralia* spp.）或耳烏賊。兩者皆受限體型大小、或因退鮮速度極快，僅有鮮度極佳者可供食用，或在捕獲後直接汆燙保鮮後出售，否則多經冷凍保鮮供作釣餌使用。近年來快速便捷的保鮮空運，讓日本在春季盛產的螢火魷，成為本地食客追逐的季節美味，除多以汆燙後的盒裝商品進口外，偶爾也有生鮮商品，提供做為生魚片、軍艦壽司或丼飯取材。不過若有機會在漁獲產地周邊恰巧遇返港卸貨的漁船，俗稱活肉的生鮮食材，只要稍稍以乾淨冰涼的鹽水沖洗，然後直接置入先以醬油、味醂及高湯調和的醬汁中，稍稍醃漬後冰涼食用，這被稱為「沖漬」的作法，多能帶來前所未有的意外口感。

耳烏賊

快速檢索

學名	*Euprymna* spp.或 *Sepiolina* spp.	**分類**	軟體頭足	**棲息環境**	淺水／底層
中文名	耳烏賊	**屬性**	海洋頭足	**食性**	動物食性
其他名稱	英文稱為Bobtail squid, Bottle-tailed cuttlefish或Little cuttlefish；日文漢字則隨種類不同而稱為「耳烏賊」、「銀帶烏賊」或「坊主烏賊」。				
種別特徵	頭足綱十腕目物種，具有左右對稱的八只較短軟腕，以及一對主要用於獵食，長度明顯且在末端明顯膨大的掠腕。多數種類體型嬌小，外觀渾圓，胴部長寬及其與頭部比例接近，而位於胴部兩側的肉鰭則為基底相對較短的圓瓣狀。				
商品名稱	目斗、目賊仔、米老鼠	**作業方式**	小型拖網或圍網捕捉；非主要對象。		
可食部位	包含內臟的軟組織。	**可見區域**	主要以西南沿海及澎湖周圍為主。		
品嚐推薦	多以滾水汆燙後，隨口味偏好不同而蘸以各具風味的醬料；亦有乾煎、燒烤或烹炸，或用於火鍋配料使用。				
主要料理	汆燙後蘸醬品嚐。	**行家叮嚀**	鮮度良好時方能呈現迷人風味與口感。		

菱鰭魷　見微知著

大塊頭身形，粗壯體態與赭紅顏色，對照餐桌經常食用不過十來公分的常見種類，不免讓人倒吸一口涼氣，更別說整尾端上桌。不過經過切割修整甚至加工處理後，不但廣泛見於鹹酥雞攤或燒烤店，經調味修飾後，更有用作取代鮑螺，成為人們口中的珍饈美食。

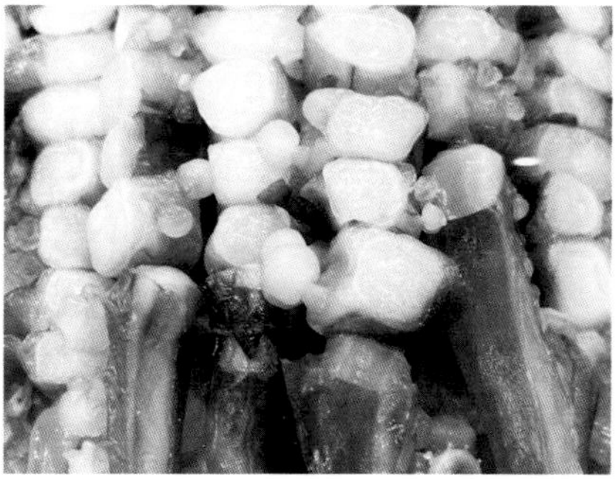

菱鰭魷的體型將近一公尺，體重動輒達十五至三十公斤，一般市場少見完整漁獲販售，零售小攤或餐廳亦因無力銷售而少有進貨。但有趣的是，依據口感差異而以不同部位分切的他們，多會被冠上包括「深海大章魚」、「深海巨魷」，甚至是經加工調味後的「仿鮑片」等多樣名稱販售，而讓人忽略了他本身原有的樣貌與名稱。

菱鰭魷的外型彷若是放大數百倍的小卷或透抽。但在顏色上，卻又與魷魚相似，呈現鮮豔的橘紅至赭紅色。甫釣獲後依舊奮力掙扎、噴水並不斷扭動腕足的活體，還不時閃爍著神祕的古銅色金屬光澤。菱鰭魷那菱形明顯、面積寬闊著稱的肉鰭，突顯了這一屬一種物種的主要特徵，而其龐大身形，以及不具外膜的眼部，與總是來去無蹤的神祕身影，還有分布範圍多以近海至外洋，以及多活動於水深數百米的習性，叫人多感陌生。

廣泛分布於熱帶與溫帶海域的菱鰭魷，由於成長快速、體型巨大、可食部位比例高，且適合多樣料理與加工，因此成為近年各國積極開發的漁業對象。只是多以局部或經加工形式銷往市場的他們，真

實完整的樣貌反倒罕為人知。

菱鰭魷的食用方式包括鮮食、熟食與加工。鮮食多以日式料理為主，加工則為相對常見的利用與品嚐。菱鰭魷不乏近海與遠洋漁船作業漁獲，雖有現流冰鮮漁獲，但多數仍以誘釣後隨即冷凍保鮮為主，因此釣獲後多直接在船上處理，或於返港後再行宰殺分切，隨後再由魚販銷售或加工。由於體型動輒十數至數十公斤，所以菱鰭魷多被分切為胴部、肉鰭與腕足等部位分別銷售，並依據各部位質地與風味特色、料理用途乃至價格高低，銷往市場供分別使用。例如胴部多作為生魚片或捏製握壽司品嚐，或依序經汆燙與煙燻後出售，以及調味並修飾外形，替代作為宴席冷盤中的鮑螺切片；而肉鰭與腕足，則分別供應小吃攤商製做魷魚焿、鮮燙魷魚或是炭烤及酥炸魷魚腳等小吃宵夜。

菱鰭魷的處理，正如魷魚、花枝、軟絲或鎖管等頭足類十腕目的形式一般，依序除去內臟、剝去外皮與眼睛，依據部位分切等程序。但因漁獲體型龐大，同時處理後便旋即進入船上急凍保鮮，以利專業魚行、攤販或加工廠處理，因此購得多為已經大致分切處理的特定部位。頭足類除內臟團、皮膜與螵蛸外，其餘皆可食用；而不具料理與品嚐價值的部位，則仍有添加於水產飼料之利用價值。

菱鰭魷

處理漁獲時，堅韌的皮膜必須撕除，方能顯現其下厚實豐滿的肉質，口中堅硬的喙狀齒也需除去，剩餘的口球則成為一般所稱的「龍珠」。胴部肉質豐潤且全部可食，適於分切為薄片、刻花後川燙與快炒，或經燙滷與燉煮以後再行切片，燻製後則別具風味。而充滿吸盤的腕足則富於層次口感，適宜以燉滷、烹炸或烘烤展現風味及品嚐樂趣。

經分切修整後的菱鰭魷，因為不易看出原本樣貌，因此即便是對於頭足類海鮮接受度不高甚至略有排斥的歐美市場，也能接受，因此在餐廳或超市中，也不乏包括醃漬、烘烤、油煎或是經汆燙後切片或切塊，而放入冷菜或沙拉中的料理與品嚐形式。類似狀況在其他地區或國家亦有，特別是被分切為胴部、肉鰭與腕足後的各部位，由於各具特色、料理方便且價格不貴，因此多以酥炸或烘烤並搭配氣味鮮明的調味，成為方便購買並能隨興品嚐的小吃。甚至還因近似於其他頭足類的大眾化口感與風味，多被作為章魚的替代品，或直接以魷魚腳稱之，常見於國內夜市小吃取材。

近年多有現流漁獲，成功打入高檔餐廳或特殊料理，因此除日式料理或中西私廚多有使用外，鐵板燒餐廳也多取材外形方正、厚度明顯的切塊，呈現那在視覺與口感上的出色表現；部分燻製品則以其類似花枝或鮑螺的質地、顏色、口感與風味，作為權充取材。

同場加映

頭足類除外觀怪異特殊，隨著種別不同，在形態、大小與包括肉鰭、腕足與眼部等特徵差異，但總的來說，高比例的可食部分、鮮甜風味、柔滑彈脆的質地口感，都是讓他們備受喜愛的主要原因。諸如鹹酥雞中的魷魚腳、夜市吃食常見的炭烤深海巨魷或巨大章魚腳，乃至多經加工調味製作的魷魚絲等，皆方便隨手隨興品嚐。而在喜慶宴席中的開胃小菜，或內容豐富的美味冷盤，也經常可見包括多取材自大型頭足類製作的仿鮑片、五味軟絲或醋漬章魚等組成，讓人滿口鮮香，食慾大增！

快速檢索

學名	*Thysanoteuthis rhombus*	**分類**	軟體頭足	**棲息環境**	大洋／深海
中文名	菱鰭烏賊	**屬性**	海生軟體	**食性**	動物食性
其他名稱	英文稱為Rhomboid squid；日文漢字為「袖烏賊」。				
種別特徵	大型頭足類生物，特徵為肉鰭呈現明顯之菱形，且基底甚長涵蓋整個胴部邊緣；活生時體色橘紅至赭紅，但隨死亡後逐漸消失，惟背中線處具紅色線條。腕足具兩列吸盤，掠食腕之穗部則具四列吸盤，盤中齒環具銳利爪狀或鉤狀構造。				
商品名稱	飛卷、飛魷、菱鰭魷、巨魷。	**作業方式**	以假餌配合燈光誘集加以釣獲。		
可食部位	除內臟團與螵蛸外的軟組織。	**可見區域**	全球熱帶、溫帶海域；臺灣多以花東與屏東外海為主。		
品嚐推薦	花東與屏東偶有釣獲，因此可於當日返港的船隻見到鮮度極佳的現流漁獲；其餘則多為冷凍形式，或由國外經切割後或以加工商品進口。				
主要料理	鮮度極佳可生食，可嘗試各部位略有不同的口感，凍貨則多供熟食或加工調理。	**行家叮嚀**	每年三到六月有相對豐富的近海漁獲；常態性供應則為船上急凍漁獲。		

龍珠

嘴對嘴

彷若是動漫中稀世難得的珍寶，但在現實生活中，其實是來自頭足類的口球。扎實的筋肉質地，入口後便可立即感受，咀嚼則有持續釋放的鹹鮮。常見於鹽酥雞攤、魷魚羹、海產攤或熱炒店，酥香一盤，不僅讓人食慾大開，融入羹湯甚至裹漿後製焿，則更顯出色風味、愈嚼愈香。

單從字面，完全無法看出「龍珠」所指何物，就算入口感受滿是鮮明彈性與濃郁鹹香，甚至覺得這風味似曾相識，但卻怎麼都難以與那奇特並略顯怪異的形態產生連結。其實龍珠，便是廣泛取自稍具體型頭足類的口球，具豐富肌肉，且外型渾圓飽滿，難怪口感特殊，滋味迷人。

不論是八腕的章魚，或是十腕的鎖管、軟絲、透抽、花枝或魷魚，都屬於軟體動物中的頭足類成員。這些生物特殊之處，在於多數種類擁有比例鮮明、構造複雜且功能強大的一對大眼，同時動作迅速來去自如，就更別說那幾乎居於所有無脊椎動物中，數一數二的感知、記憶、思考與邏輯推理能力。然而可惜的是，不論多樣形態、體型大小或種類組成，所有頭足類皆為海生物種，甚至一旦離水便會快速虛弱並死亡，不過還好，他們總能適應並在從沿近岸到外洋，從表層到深海的各種環境，除能來去自如，也多稱霸一方。俗稱龍珠或魷魚嘴的食材及其料理，就是來自這些頭足類生物的口球。膨大的部分，因富含肌肉，成為他們在攝食上的絕佳利器，去除那對如鳥嘴的喙狀齒後，便成為人們口中滿是彈性，同時耐人尋味的特殊食材。

龍珠為頭足類口部後方的膨大構造，後端連接食道，其中除具有可供切割或啃咬的一對喙狀齒外，還具有可磨碎食物的齒舌（radula），方便食物送入口中後，能被處理成適當大小的碎塊，也因周圍肌肉發達，讓饕客咀嚼食用時彈性十足。

只不過龍珠多深埋在呈現輻射狀腕足基部的中心位置，宰殺時經常容易忽略甚至丟棄外，若要取出，往往需略為擠壓才會浮現。因此在宰殺時，多會依序將漁獲的眼睛劃開並充分清理後，接著便是以擠壓方式摘取龍珠。龍珠取出後，會先剪去後方的食道，

龍珠

再由開裂的口部，將上下一對邊緣呈黑色、稍具彈性且類似塑膠質地般的喙狀齒拔除，方便後續料理與品嚐。龍珠大小雖隨種類不同而異，但一般多等同個體眼部大小，同時每一尾皆有一枚，只要留心，不難享受美味。

歐美飲食多取用肉質豐厚的胴部，而捨棄造型古怪的頭部，因此這類取材頭足類口球的食材，僅能在亞洲可見料理與品嚐。

臺灣擁有全球規模龐大且技術精良的魷釣船隊，加上作業撈捕與加工產製技術屢有創新與活絡發展，因此在大量收穫後的宰殺、切割或加工時，便能將為數不少的龍珠收集利用。雖然魷魚的主要卸貨基地在高雄前鎮，但是雲嘉南一帶的西南沿海，卻是國內料理與品嚐魷魚嘴的元祖與濫觴，堪稱地方特色的「魷魚嘴焿」，儼然成為當地著名的代表小吃。近年則因美食資訊快速傳播，而讓這特殊食材廣泛利用，並使全臺為其獨特口感與腥香風味深深著迷，因此不論燒烤或鹹酥雞小攤，總可見到裹上粉漿的魷魚嘴經過烹炸後，成為滿口酥香的美味小吃宵夜，並陸續帶動海產餐廳與熱炒店的廣泛使用。

市售龍珠依保存狀態，可區分為乾燥、冷凍或冰鮮三種型式，前者料理前須以溫水持續浸泡或蒸煮，讓其回軟，而後兩者則會以滾水略為汆燙或過油定型，去除腥味與黏液之餘，還多能吊出食材特殊香氣。

以魷魚嘴入羹有兩種形式，即為分別取材乾製與鮮貨，雖兩者皆以魚漿包裹，但前者腥香濃郁，後者鮮爽脆彈，各有喜好與支持。近年亦有將去除喙狀齒後的龍珠，汆燙後直接加入滋味酸香的羹湯中，除可充分享用原味外，也能細細以舌尖齒緣感受大小質地差異。

多數鹹酥雞攤也有供應龍珠這款食材，裹粉或裹漿後入油鍋烹炸至表面酥香，起鍋前來上一把翠綠的九層塔嫩葉，並撒上胡椒鹽趁熱品嚐，誘人滋味絲毫不輸魷魚腳、魷魚圈或花枝塊。如今餐廳也多提供諸如椒鹽、三杯或宮保等調味的各類龍珠料理，除是配酒佐餐的良伴，就算作為前菜或小菜品嚐，搭配香辣調味，或摻入同樣炸香的菱角塊或花生仁，也總讓人百吃不膩。

同場加映

頭足類食材隨種類與部位不同，風味、口感各具特色，從家中餐桌到大宴小酌的菜式中，常見汆燙、爆炒、酥炸、烘烤以及燒燴或燉滷等多樣展現。刻花後汆燙，蘸以芥末油膏或滋味酸甜的五味醬，炭火直烤或是裹粉酥炸，皆能展現食材特色。而上接胴部、下連多只觸腕的頭部，除口球外，去除眼睛後的頭部，其間也因為具有軟骨，而讓口感更顯層次豐富，因此不論是火鍋汆燙、整尾烘烤或大火爆炒時，總有人會特意挑選品嚐。

龍珠

快速檢索

	多取材大量捕獲的魷魚（*Illex* spp.）口球製作。	**分類**	軟體頭足	**棲息環境**	外洋／沿近岸
中文名	口球（口部後方膨大處）	**屬性**	海生軟體	**食性**	動物食性
其他名稱	英文稱為Buccal mass；一般稱為口球，其內包含喙狀齒（beak）、咽與齒舌（radula）。				
種別特徵	主要取材大量捕獲與加工的種類（如阿根廷魷），為頭足類的膨大口球，內部包括具切割與啃噬功能的喙狀齒一對，以及磨碎食物的齒舌。取材種類遍及鎖管、花枝與魷魚，惟因為魷魚多有大量捕獲與加工乾製，因此不乏將其取出後，經洗淨並去除喙狀齒後以冷凍或乾燥保鮮販售。				
商品名稱	龍珠、魷魚嘴	**作業方式**	大量誘釣或撈獲後經加工產生之副產品。		
可食部位	去除喙狀齒後的肌肉組織。	**可見區域**	每尾完整的頭足類皆具有，但大量商品多以冷凍進口為主。		
品嚐推薦	雲嘉地區為國內領先發展相關料理與食用風氣的地區，風味口感與其他地方明顯不同，惟目前多以烹炸形式料理，並廣泛見於街邊巷尾的鹹酥雞或燒烤攤。				
主要料理	烹炸、烘烤或製羮。	**行家叮嚀**	品嚐時須留意可能影響口感的硬質殘留。		

明太子

鮮香鹹辣悉聽尊便

單就名稱實在難想像其風味或是樣貌，但若說是取材明太鱈的魚卵加工製作，大概就能約略了解。從鵝黃到紅豔的不同色澤，除與調味濃淡及風味鹹辣有關，也是妝點配酒小菜，或是隨喜好作為生鮮品嚐、散壽司或軍艦卷以及調入沙拉作為麵包抹醬的區分依據。

日式飯糰中的餡料若不是剁碎的醃漬梅干與漬菜，便是拌入紫蘇調味的柴魚片與鮭魚鬆。但若能加入一抹明太子的鹹鮮與濕潤，口感氣味瞬間不同。除鹹香夠味外，些許辣味更讓人脾胃大開。

單看明太子的外觀，尤其是散裝或是已經有美乃滋或其他醬料調勻的質地，實在很

難理解其所指何物，就更別說具完整外型的來源本尊。其實明太子中的「明太」為取材的種類，意指俗稱為「明太鱈」的「黃線狹鱈」或「阿拉斯加狹鱈」的撈捕漁獲，而單字「子」，則是指魚卵或魚籽，特別是針對這種較小、綿密且質地細軟的魚卵形式，多會以子稱之，類似用法如同烏魚子。

人們對於鱈魚多顯得既熟悉又陌生。熟悉的原因是僅知其為大型、美味且價格不菲的白肉魚種；陌生的是，其實在國內所品嚐到的圓鱈或扁鱈，大部分都是假借鱈魚之名，實際組成分別為「小鱗犬牙南極魚（或俗稱智利海鱸）」與格陵蘭「大比目魚」等種類。

然而真正的鱈魚，具有三段式背鰭、兩段臀鰭、下頷有鬚同時身體呈紡錘狀略顯延長。明太鱈雖屬中小型的鱈魚，但同樣擁有上述特徵，主要分布於緯度較高的溫帶區域（因此在亞洲僅以日本與韓國為主要作業國家，而相關漁獲與商品也多來自兩國），其肉質潔白細嫩不在話下，而那成熟雌魚體內美味的魚卵，經醃漬後更展現出鹹鮮芬芳與誘人滋味。

明太子不僅出現於居酒屋乃至高檔宴席料理之中的風味食材，其紅艷色澤、特殊滋味與多樣風味與品嚐形式，亦不失為年節送禮的選項，或製成抹醬走入日常生活。而在

國內，因早先飲食風氣深受日本影響，加上近年韓劇風潮席捲，因此相關利用與品嚐亦為普及。常見方式除作為塗抹於麵包上的抹醬、調入美乃滋作為沙拉蘸醬或拌醬外，也有直接切成指節大小的塊狀作為配酒小菜，或是製作軍艦卷、握壽司與散壽司食用。明太子也會出現在韓國的火鍋中，負責調味提鮮，讓色澤、風味與品嚐樂趣更顯誘人。

而歐美因為特殊地理位置、資源分布與飲食習慣多與亞洲不同，因此雖有食用近似種類的傳統，但多以魚肉為主，少部分或特定種類的魚卵，則會製作為風味鮮鹹的抹醬，搭配麵包食用。

由成熟雌魚腹中取出的新鮮魚卵，為略顯透明的淺黃至粉紅色，一般明太子商品所見到的橘紅到鮮紅，來自醃漬與調味過程及獨門醬汁所致。一般選購時多依據需求或喜好挑選染色與否、辣味程度，以及自家使用或用作送禮，而會選購不同風味、大小與數量包裝之商品。

由於輸入臺灣的明太子，皆為已完成醃漬調味與染色等處理，並以冷藏或冷凍商品進口，因此退冰拆封後便可直接食用。相對於日本或韓國在撈捕鱈魚、宰殺處理、取卵醃漬與包裝等複雜程序，在國內的品嚐顯然方便許多。賣場中常將整盒明太子，拆分成小包裝後販售，亦不乏依據顏色與風味標示染色或辣味與否，方便一般家庭在購買後，

將明太子直接切塊品嚐使用。

連鎖超商販售明太子風味的日式飯糰，打開了國人對於此風味的認識，隨後多與鮭魚搭配，或是由日式麵包連鎖推出的明太子法棍，則讓人對明太子的風味熟悉且分外喜好。除此之外，在居酒屋或壽司店中，切成塊狀的醃漬明太子，往往是人氣十足的開胃小菜，或是用以配酒佐餐的珍味；而塗抹於各類素材表面，並經炙燒而釋放濃郁芬芳的特殊氣味，兼具嗅覺與味覺，同時層次鮮明的享受。調入醬汁後用於增添風味與口感，質地滑潤的明太子也多不負所托，總有精彩出色的表現。

同場加映

長久以來，國人對於鱈魚的認知及其風味印象，早已被質地口感近似的圓鱈與扁鱈所制約，但實則是分別以小鱗犬牙南極魚與格陵蘭比目魚而鳩佔鵲巢的冒名頂替，甚者連明太鱈也都少有關注與正名，而是只以其魚卵經醃漬製成的明太子在市面廣泛流通。其實鱈魚的利用形式多樣，從食用、水產飼料到萃取保健成分皆有，而利用形式也不僅只於魚肉或卵巢，其肥美的肝臟也多有被製成別具風味的水煮或油漬罐頭，並經以洋蔥絲、酸醋與粗粒胡椒簡單調味後，成為替代昂貴鮟鱇魚肝的美味取材。

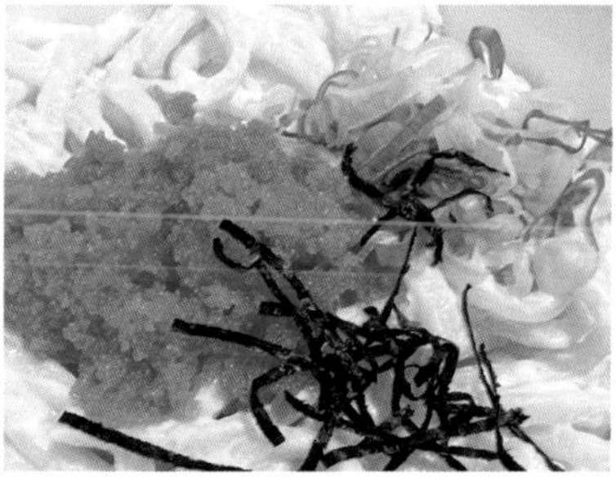

快速檢索

學名	*Gadus chalcogrammus*	**分類**	硬骨魚類	**棲息環境**	溫帶海域
中文名	黃線狹鱈	**屬性**	海生魚類	**食性**	動物食性
其他名稱	英文稱為Alaska pollock；中文為「明太魚」或「明太鱈」，明太子則為其卵巢之醃漬或加工品。				
種別特徵	屬於小型鱈魚，具有紡錘形的體態；三段式的背鰭與兩段式的臀鰭則為多數鱈魚的特徵。本種體側具有短線狀的縱斑，但由於本地並無出產，亦無形態完整的鮮魚進口，因此相對分別以冷藏或冷凍進口的醃漬魚卵，自然對魚體外型與名稱多顯陌生。				
商品名稱	「卵」經醃漬製作後稱為「明太子」。	**作業方式**	誘釣或以網具撈捕。		
可食部位	魚肉、魚卵，體型稍大者則肝臟亦可加工利用。	**可見區域**	臺灣周圍未有生產，多由東北亞各國進口。		
品嚐推薦	雖然本地並無相關漁獲與食用風氣，但卻因為多有加工商品進口，風味鹹香且料理多變，因此已然成為本地從一般吃食到食品加工經常使用之調味抹醬、蘸醬或內餡取材。				
主要料理	醃漬後生食、調醬或烘烤。	**行家叮嚀**	可依個人口味偏好選擇濃淡與辛辣與否。		

飛魚卵　嗶嗶啵啵

相對於糾纏聚集成團的原貌，更多人品嚐與體驗到的飛魚卵，多以晶瑩剔透且彈性奇佳的鮮明特色，分別現身於泡菜或香腸之中。取材飛魚（或稱飛烏）產出的魚卵，多來自漁民在端午前後於海面鋪放模擬海藻的草蓆，然後吸引成熟魚隻前來產卵。不過為求資源永續利用，建議嚐過就好，切莫過於專注或大量食用，以免影響在食物鏈上，從魚卵、飛魚、鬼頭刀直到旗魚等重要漁業資源。

以魚類與蝦蟹為主的各類水生生物卵粒，由於模樣細緻、外型精巧且口感特殊，因此除供鮮食外，也經由染色、調味與組合等加工修飾，成為應用於涼拌、沙拉、冷盤或

壽司等料理的取材或搭配。以取材自飛魚產出的魚卵為例，雖然形態小巧、風味特殊並具有入口咀嚼時迸發的鮮明口感，但卻因為從採集、加工到食用的取材，皆是有機會能成為來年成長與成熟並繁衍後代的飛魚資源，因此在使用這類資源時，建議得要有更多的關注、了解與節制，以免影響漁業資源與海洋生態。

全世界飛魚共有五科八屬超過五十二個種類，臺灣四周沿海分布種類將近全球半數，顯見物種組成多樣且相關資源豐富。雖然飛魚的利用與食用因季節、多介於十五至三十公分的有限體型，且因受限產季不過短短一至兩個月，以及大量收成後相對低廉的價格與陌生的食用方式，因此並不常見於一般市場。相形之下，其卵粒卻因為質地獨特而價高，成為被大量採捕與加工利用的對象。雖然我國已有針對飛魚卵的採捕利用訂定作業時間與配額，但與其要求撈捕為主的生產端確實做到，倒不如由消費者來理解認知與落實。畢竟飛魚卵是發育下一代飛魚的唯一來源，若就此大量且持續的食用，不僅其規模會愈漸萎縮，連帶影響的還包括以飛魚為主要食物——被稱為「飛烏虎」的「鬼頭刀」。鬼頭刀除是花東沿海重要的經濟魚種，同時也因食物鏈關乎著多種旗魚的產量，牽一髮而動全身，值得大眾深思留意。

飛魚卵的卵徑大於一般同體型魚類或是蝦蟹，質地具有更勝經常食用如鮭魚卵或蝦卵的彈性，且卵粒間又有如同絲線般纏繞的特殊組織，因此在食用或加工前，必須得利用類似過篩的方式，搭配在水流下持續搓洗，好將卵粒彼此分離。世界各國多有食用飛魚卵的風氣，只是類似的利用，在國外還有其他多樣種類的卵粒可供替代或選擇，讓資源利用不會過度集中在特定類群上。但因為臺灣四周皆有飛魚資源，過往先民已有其捕捉與食用歷史，自海面漂浮物或海藻收集附著其上的魚卵，且採集魚卵僅供自家食用；現今則因行情看俏，舉凡涼拌、沙拉、冷盤、生魚片或壽司上多需染色後的飛魚卵妝點，而近年人氣高漲的飛魚卵香腸或飛魚卵泡菜等加工商品也大獲好評，因此增加了

採捕飛魚卵的數量與頻度，甚至不乏從東南亞進口，不免讓人對飛魚資源是否已然過度利用，而感到憂心忡忡。

飛魚是活躍於中表層海面的魚類，以小型浮游生物為食，除具有成群活動與覓食的習性外，遇到大魚追獵或受刺激時，會奮力躍出水面，張開寬闊的胸鰭在水面上方翱翔。飛魚的尾鰭下緣，具有如舵槳般的功能，能協助控制方向，因而被稱為「飛」魚。

飛魚的繁殖行為相當特殊，他們會尋找海面上的漂浮物體，從海藻到漂流物皆可成為產床，然後將表面具有細絲狀構造的卵粒產於其上。漁民們就是利用這種特殊行為，在繁殖季節將捆紮成束或整片的稻草鋪於海面，吸引飛魚前來產卵，以有效收集卵粒。不過飛魚卵無法直接食用，必須過篩、除去具有黏性與彈性的絲線狀構造後，讓魚卵粒粒分明，再經醃漬調味或烹煮後方可食用。

生鮮的飛魚卵多會被染為黃色、紅色或綠色，經常可見如花壽司、手卷或散壽司等不同料理上色彩繽紛的魚卵。而點綴在軟絲、甜蝦與白肉魚生魚片或握壽司上，除在視覺上有著畫龍點睛的美感，同時還能讓入口後，直接感受那嗶嗶啵啵的鮮爽彈脆。基於這種概念，飛魚卵在近年也被添加在以韓式調味特色所製出兼具鮮甜香辣的泡菜中，或

是由基隆業者首創的飛魚卵香腸中，藉以突顯特色並增加口感。而對於一般漁民或濱海居民而言，那澄黃且晶瑩剔透的飛魚卵，除常見添加於蛋汁中，再入油鍋煎至焦香，入口除有著雞蛋的鮮甜，還有一絲特殊的海味鮮香。

不過由於食用的是飛魚繁殖後代的卵粒，甚至皆為已受精、正處於發育階段的魚卵，因此建議在購買與品嚐上，最好能有所在意並節制，方能讓資源永續利用，海洋生態獲得保護。

同場加映

多數人對於飛魚的認識，僅只停留在對於蘭嶼達悟人乘著拼板舟去打漁，或是在海邊曬起一串串飛魚魚干的刻板印象。但其實飛魚不但具有極高的利用價值，同時相關利用也不僅止於整尾食用或是那日漸稀少且昂貴的飛魚卵。在日本，會將曬乾的小尾飛魚，伴隨鰹節（本地俗稱柴魚）與沙丁干，搭配豬骨、牛骨與雞胸骨等，成為拉麵湯頭滋鮮味美的主要關鍵。此外，飛魚也是誘釣鮪魚的主要餌料之一，顯見鮪魚也懂得欣賞飛魚的美味。近年也有業者開發「飛魚一夜干」，以鹽分稍稍醃漬後風乾脫去多餘水分，再以炭火焙烤至表面焦脆，鹹鮮的滋味，包准口齒留香。

快速檢索

<table>
<tr><td>成分</td><td>魚卵（排出體外或受精魚卵）</td><td>分類</td><td>生鮮或加工品</td><td>葷素屬性</td><td>葷食</td></tr>
<tr><td>取材來源</td><td>飛魚科（Exocoetidae）物種</td><td>加工類別</td><td>醃漬／炊蒸</td><td>販售保存</td><td>冷藏</td></tr>
<tr><td>商品說明</td><td colspan="5">飛魚排出體外的魚卵，或已經受精而正處於發育階段的卵粒；產期產季多有出售當日收成之新鮮魚卵，其餘則多有經醃漬或添加於其他水產加工品中的商品。</td></tr>
<tr><td>商品特徵</td><td colspan="5">卵徑隨不同種類而定，但一般多在二毫米左右。生鮮時色澤金黃且晶瑩剔透，卵因表面具有絲線狀構造故多黏結成團，或有魚販會出售代為處理後的分離卵粒。除有生鮮醃漬商品外，亦有添加魚漿煉製品（如飛魚卵魚丸或飛魚卵香腸）之加工商品，或於諸如泡菜中藉由添加飛魚卵，藉以同時增添口感與商品價值。</td></tr>
<tr><td>商品名稱</td><td>魚卵、飛烏卵、飛魚卵</td><td>烹調形式</td><td colspan="3">生醃、快炒、乾煎或加工。</td></tr>
<tr><td>可食部位</td><td>去除繫膜或絲狀組織後之卵粒。</td><td>可見區域</td><td colspan="3">東北角、花東與離島。</td></tr>
<tr><td>品嚐推薦</td><td colspan="5">每年端午至中秋期間為多種類飛魚繁殖之季節，漁民多趁此階段以草蓆誘集飛魚產卵，因此在有相關作業的沿岸多可品嚐。惟因卵粒是孵育飛魚的重要資源，因此建議淺嚐輒止，切莫大量品嚐消費。</td></tr>
<tr><td>推薦料理</td><td>生醃、煎蛋或炒芹菜豆醬。</td><td>行家叮嚀</td><td colspan="3">建議酌量品嚐。</td></tr>
</table>

尼信

愛與不愛之間

由日文直接音譯而來，雖然名稱難以對應取材與外形，但分別來自魚皮與下方魚卵的藍、黃兩色強烈對比，加上入口後伴隨脆彈的明顯酸香，總能讓人留下深刻印象；更何況妝點於散壽司或沙拉中的顆粒，一如寶石般耀眼。

許多人在日式簡餐或迴轉壽司中曾經嚐過的風味，但卻怎麼都難以從名稱中揣摩那出處與緣由。孰不知這特殊的口感與風味，其實來自複雜的醃漬、染色與組合加工，甚至使用的魚肉與魚卵，還分別來自不同種類，但卻因為組合後的奇特滋味，而讓人印象深刻。

來自日文音譯的「尼信」，單就商品名稱，幾無線索可確認其取材來源，只能從切

片後的狀態與上下兩層顏色與質地差異，大致區分為魚肉與魚卵。上層為表面具有金屬灰藍光澤的魚皮，而下方則為堆疊緊實的黃色卵粒。有趣的是入口時的風味與口感，不論是有著些微紋理口感的魚肉，或是呈現爽口脆彈的卵粒，都有酸香中略帶些許腥味與微微苦味。有趣的是，這組合後的魚皮與魚卵，分別取材不同種類加工製作。

在料理中，它們多半被切成與厚度相等的一公分立方，然後與類似大小的煎蛋，或是可搭配顏色的鮭魚卵及紫蘇葉，一同成為散壽司中常見用以配色或提升口感的搭配。或是斜切為片，作為生魚片中的搭配品項，與在紅色上深淺不一的鮪魚、鮭魚與旗魚一同盛盤，或成為卷壽司與握壽司中常見取材。當然，也有直接切為適當大小後，作為沙拉、冷盤或餐前開胃小菜。由於尼信的供應和風味穩定，退冰後便可食用，價格亦屬平實，所以也被海產攤或熱炒店廣泛使用。

加工過程中完成染色與調味的尼信，常可見到不同魚卵顏色的組成；平價日本料理多於退冰後作料理搭配或盤飾。乘著近年如雨後春筍般迅速擴展的連鎖迴轉壽司餐廳，使尼信的食用更顯普及。

尼信為近年利用食品科學技術，大量生產的加工水產品。製作過程將上方魚肉以

醋漬方式使蛋白質變性，一來方便保存，二來則增添風味。下方的魚卵，則依據季節、區域與來源取材不同，分別使用包括鯡魚卵、柳葉魚、毛鱗魚卵甚至是取材蝦蟹卵粒製成，最終再將兩者合而為一，成為所見商品形式。尼信多由日本進口，商業用途的大包裝，其中含有排列整齊的六片包，且皆以冷凍形式。不少偏好此味的人總整包購買，而亦有店家為方便少量品嚐或一般家庭使用需求，而將其分裝為一片一盒，或提供切片服務，讓其均價落於百元上下的滋味，無須特意造訪餐廳，在家裡便可方便享用。常見商品為黃色卵粒款式，然而依據不同需求，或有橘色或綠色，不過僅是染色差異，與風味無關。

尼信常見以切丁方式撒布於散壽司之上，也會切成條狀後包夾於卷壽司之中，更不乏斜切為薄片後作為生魚片或握壽司的鮨種（按壓於飯糰上方的食材）使用。除此之外，由於色彩鮮艷、口感鮮明，同時酸甜夠味，所以現今許多沙拉或冷盤中，也多以尼信作為搭配如五味軟絲、芥末蜇皮或白醋花枝等，成為讓人脾胃大開的美味前菜。

尼信誘人之處，不僅在於風味口感，取出便能食用，方是其廣見餐廳，深入家庭的主要原因。特別是嘴饞或想來上一杯的夜晚，但卻又懶得出門，簡單取出尼信切丁、切條或切片，拌入美乃滋、擠上檸檬汁或以青紫蘇葉包夾，不但風味清新開胃，同時鮮爽

不膩，不論是夏日脾胃不開，或是腹中酒蟲難耐，都可以快速準備，隨即享用。

同場加映

有別於國內多有食用的尼信（Nishin）或「黃金鯡魚」，「鯡魚卵」（日文漢字為「數子」Kazunoko）因為數量相對稀少、價格昂貴且多以原形供應，因此較少見於一般消費市場，僅在料亭或居酒屋所使用。由於取材鯡魚成熟卵巢直接加工製成，因此可見到呈現狹長水滴狀的完整形態外，同時成對的整副外觀，質地也相對硬實許多，愈嚼愈香。此外，在產期產季來臨時，日本市場也有販售鯡魚產在海藻上的卵粒，為保持鮮度多以鹽度極高的海水保存，並在品嚐前方行退鹽並與海藻一同切為薄片後品嚐，使得鯡魚卵嚐起來口感鮮爽外，還有份迷人的藻類香氣。

快速檢索

成分	魚肉與魚卵	分類	加工製品	葷素屬性	葷食
取材來源	將鯡魚肉與柳葉魚卵、毛鱗魚卵或蝦卵等相互組合而成。	加工類別	組合製品	販售保存	冷藏／冷凍
其他名稱	日文發音為Nishin，英文則為Herring with fish roe。				
商品特徵	加工製品為厚度一公分，長約二十公分且寬度介於四到五公分間的片狀，然後依據料理或品嚐需求，分切為小丁、片狀或條狀，並廣泛應用於散壽司、生魚片、握壽司或卷壽司中。除用以搭配顏色與賦予層次口感外，同時酸甜氣味也多使其人氣滿滿。				
商品名稱	尼信、黃金鯡魚、黃金魚卵	烹調形式	退冰後切片或切丁，可直接食用。		
可食部位	直接生食。但隨切製方式不同，而有明顯口感與品嚐樂趣差異。	可見區域	進口加工商品，各地皆有出售。		
品嚐推薦	一般常見多以日式料理為主，包括生魚片、壽司、日式小菜及套餐中皆可見到，解凍後便可食用，無需再行調味料理。				
推薦料理	生魚片、卷壽司或散壽司。	行家叮嚀	不同顏色僅為染色差異，與口味無關。		

酒盜

以身試法的美味

一旦想起，寧願冒著偷酒被抓被罵的風險，也得來上一口；或順著鹹鮮風味品嚐，不知不覺那瓶中的酒，便彷若遭偷盜般逐漸消逝不見，難怪得此名稱。日本所謂「酒盜」，正如臺灣、琉球與中國東南沿海極具特色的胿（或寫做醢或膎）一般，初嚐難以入口，然一旦接受甚至愛上，便再難抵抗與戒除。

以日文漢字「酒盜」為名的商品名稱，不免費人疑猜，然而了解其原因，便會對於何等美味，竟然甘願冒著偷酒來搭配的風險嘗試，顯見其誘人程度不一般。而原本僅限於特定食材與製法所調理的醃漬與發酵加工品，如今也多與「鹽辛」一同被提及，除有漁人把握取材鮮度自行醃漬享用者，也多有各類冷藏或冷凍商品可方便選購。

「酒盜」在許多大型超市，或是標榜產地直送的日本壽司連鎖品牌，多可見到相關商品，做為開胃前菜或配酒小菜。在外貌上酒盜並不引人注意，黯淡的淺褐至橘褐色澤，以及黏滑質地下透出的腥濃氣味，往往還沒入口，便不免讓從未嘗試過的人打消念頭。其實所謂酒盜，其名稱由來是藉由描述倘若一想到這等風味，即便冒著偷酒的風險，也要一償所願——誇張形容那誘人的特殊滋味。也有說法是因為與燒酒著實搭配，所以不知不覺便喝了許多酒，恍惚迷糊之間，不免懷疑酒是不是被他人偷喝。

酒盜取材自鰹魚內臟。主要以現流收成的新鮮漁獲，在打理時將心臟、肝臟、胃袋與腸道等臟器，添加適量鹽分、燒酒以及蜂蜜後，伴隨內臟組織原本即有的酵素，在適當溫度與時間下進行水解發酵，最終形成別具特色與層次的氣味、風味以及口感。雖說為醃漬與發酵食品，但卻因為涉及酵素乃至微生物的作用，所以對於原料的鮮度有相對嚴格的要求。

雖然酒盜通常在日本或日式料理中出現，但若回溯飲食形式及其隨時間持續累積下的文化發展，在四面臨海的離島或濱海，特別是漁業資源豐富、漁撈作業頻繁但卻沒有良好保鮮技術的早期，醃漬與發酵正如乾製一般，是儲存並充分利用食物的主要方式。隨後則因為人們發現藉由不同原料及程序加工處理，搭配酵素、微生物、時間與溫度等

複雜因素的微妙變化，往往讓風味更顯特殊。而主要原因，多來自酵素水解、微生物利用與轉化，而讓蛋白質分解為胜肽與胺基酸，使風味鮮明特殊，同時也更容易被舌尖味蕾所感受。相形之下，西方或歐美則因為緯度與氣候限制，少有類似操作及食品產生。食用方式除直接食用、配飯佐湯或是做為配酒小菜，其汁液也多作為蘸醬或使用於菜式料理中的調味提鮮。

發酵或醃漬品若不是使用大量的鹽與糖，便是利用隔絕空氣或使呈現無菌或無氧狀態，讓質地慢慢轉變，風味隨之成形。而酒盜因為取材海魚內臟，因此在製作時對食材鮮度有著極為嚴苛的要求。主要取材以鰹魚或鮪魚為主，偶爾也包括鯵魚或�魚。這些魚類皆屬於中表層洄游魚類，其中不乏肉色鮮明的紅肉魚類，因此在收成過程若無妥當操作，或因收穫後缺乏正確及時保鮮，迅速退鮮不但容易腐敗，還會因此產生造成嚴重過敏甚至危及生命的食用風險。因此用於製作酒盜的鰹魚內臟，必須把握魚體還處於僵直（rigor mortis）狀態以前，便將內臟取出，除去不具食用價值的苦膽、捨棄因含血量過高導致明顯腥味以及口感不佳的腎臟，其餘包括心臟、魚肝、胃袋與消化道等部分（幸運的話還有卵巢與俗稱「白子」的精巢），取下後略切碎，再添加適當比例的鹽分與燒酒，封罐存放。其中鹽分、燒酒的添加量，及其保存溫度與時間，便是各家獨門絕活，

也是影響風味的主要關鍵。

酒盜多為漁家自製獨享，也可能是料亭以處理漁獲時的副產物信手捻來，甚至是釣客自行製作。幸運的是，目前也有風味一致且品質安全的罐裝商品，可供採購與勇敢體驗。「酒盜」與另一個取材以魷魚或鎖管內臟為主的「鹽辛」一樣，其最直接或最常見的品嚐方式，便是取出後以淺碟或小缽盛裝，做為飲酒時的搭配小菜。風味鹹腥濃郁的酒盜，單吃或許死鹹，但經過口腔溫度以及入喉酒精催化，便能展現出層次豐富的風味。入口之後，還能以舌尖或牙齒稍稍感受來自不同組織的質地差異，或許是彈脆的心臟、胃袋與腸道，也有可能是濃醇滑溜甚至黏膩的肝臟、魚卵與魚白。

對於不好飲酒的食客，日式料亭、迴轉壽司或是居酒屋中，也提供了多種變化的酒盜料理，常見者例如含有酒盜的軍艦壽司，或是將酒盜調入蘸料中，襯托各類螺貝的風味。

同場加映

與酒盜類似的商品，在臺灣也有俗稱為「膎」或「鮭」的醃漬品，相對於取材自鰹魚內臟製成的前者，廣泛取材各類河鮮海味甚至是陸珍所製成的品項，更顯其風味多

樣。常見者例如北海金山一帶，在春季捕獲大小約莫指節般的臭肚所醃製而成的「茄苳膎」，在花蓮至臺東一帶，則有取材俗稱花煙的鰹魚內臟與精卵巢製成的「鹹魚蛋」；中部的彰化則有分別以珠螺、蚵仔、赤嘴、小卷與蝦猴等製作的各類商品。只不過由於為保鮮、防止腐敗與增加風味緣故，所以添加鹽分不免過多，雖是傳統口味，在品嚐食用上仍須留意過量鹽分可能對於身體造成的負擔。但若取之風味做為調味提鮮的添加或蘸料，倒不失為品嚐風味同時避免過鹹，兩全其美的好方法。

快速檢索

成分	鹽、酒與魚內臟	**分類**	加工製品	**葷素屬性**	葷食
取材來源	鰹魚為主	**加工類別**	醃漬／發酵	**販售保存**	常溫；開罐後冷藏
其他名稱	日文寫作「酒盜」或しゅとう，中文則沿用日文漢字以「酒盜」表示。				
商品特徵	取材新鮮鰹魚的腹中臟器，經醃漬與發酵製成，部位包括心臟、肝臟、胃袋、腸道與生殖巢等，並添加鹽分與烈酒（白酒）調整風味並避免腐敗。質地黏滑，並具有明顯腥味與鹹味，可作小菜搭配酒類品嚐，亦可作為蘸醬添加或料理使用。				
商品名稱	酒盜	**烹調形式**	直接食用，無須也不建議加熱。		
可食部位	全數；包含汁液與固形物。	**可見區域**	大型百貨超市；新北金山、彰化鹿港與花蓮多可見到類似形式之特產。		
品嚐推薦	初次可少量嘗試，若無法接受直接食用，建議不妨先添加於生魚片的醬油中，嘗試其鹹鮮風味。若喜好其特殊與風味口感者，則可以依序以軍艦壽司、手卷，或是搭配對味的清酒或口感略顯辛辣的燒酎一同享受。				
推薦料理	前菜或小菜；軍艦壽司或調入蘸醬中享受其特殊風味。	**行家叮嚀**	密封罐裝商品口味一致且質地穩定，但開罐後建議盡速食用。		

擬鱸

小的先來

或許因為多伴隨馬頭、赤鯮或石狗公等魚鮮一同被釣獲，來自相同水層的擬鱸不但顏色殷紅艷麗，風味也不遑多讓。唯一可惜的是體型小上許多，因此多由船家或釣客打理品嚐。但沒說的祕密是，香甜細緻的口感以及品嚐樂趣，往往更勝市場的高價魚種。

擬鱸多半現身於諸如馬頭、赤鯮或俗稱為四齒的狐鯛等高價海釣鮮魚行列之中，既身形不比其他，身價往往也不及，因而成為少有出售，多為漁民攜回自家品嚐的料理食材。殊不知其質地纖細，滋鮮味美，只有懂吃的人才識貨。

雖然名曰擬鱸，但實則就外形、大小與生態習性，反倒類似鰕虎（goby）。擬鱸多

在海底活動。位置接近頭頂的一對靈活大眼，不但是讓個體機警靈敏以躲避敵害的利器，同時也協助他們在環境中搜尋美味魚蝦。在環境中，他們多以類似匍匐前進並搭配短距離的跳躍前進；遭遇危險時，則除倏地快速向前衝去以利閃躲，不然則是竄入底層之中，順道以揚起的泥沙，矇混掠食者的視線，藉以把握機會儘速逃離。不論就十五公分上下的有限身形，或是略粗於大拇指的體型大小，縱使多數上鉤的擬鱸顏色鮮豔，但仍被視作不受歡迎或難以銷售的外道魚（或稱附屬漁獲.; bycatch），不常見於市面銷售。

在日本，經過妥善處理的擬鱸，常見於漁家餐桌或鄉土料理中。同時也是許多標榜在地料理或產地直送中，廣泛被使用於天婦羅（日：天麩羅）的美味食材，風味足以比擬沙鮻或牛尾魚。在國內，除了少部分專門收集當日現流或手釣鮮魚的小攤或餐廳，會特意從小釣漁船收集這種市面難見的漁獲外，一般民眾若要購買或品嚐，則可能要與專釣馬頭魚、赤鯮、四齒或石狗公等特定水深或對象的職業釣手，或是以陷阱籠具誘捕蟹類的漁家詢問，當日漁獲中是否有這類美味可供割愛。

料理時多先將魚體洗淨後刮鱗並清腹，除去影響風味的腸道後，剩下的便是兩側鼓脹飽滿的細膩肉質。簡單用熱鍋乾煎至表面焦黃，或以滾油烹炸至通體酥香，趁熱撒上海鹽或椒鹽調味品嚐，準是美味一道。

要享受擬鱸鬆軟芬芳的鮮甜風味，可說是充滿困難挑戰。由於取得的來源相對有限，要一嚐這特殊風味，在餐廳中不免向隅，除非漁人願意割愛，不然便是千載難逢，甚至所費不貲。

當日返港的擬鱸多呈現僵直狀態，鮮度絕佳。刮鱗清腹後，無需去頭去鰓便可整尾料理，頂多以適量食鹽醃漬入味，搭配冷藏下略為脫水使其入味並讓口感更顯彈性，蘸粉或裹漿後乾煎及酥炸。而講究的天婦羅料理，則或有以三枚切方式，片取左右清肉，並以小鑷除去體側橫向細軟魚刺，讓大口品嚐更顯痛快盡興。

在日本，有些講究的店家，偶爾會使用這類魚種，展現鄉土料理的質樸風味。三

枚切後，去除魚皮的清肉，可依據偏好切製成生魚片或是捏製成握壽司，除口感鮮爽彈脆，而那多呈現晶瑩剔透的粉嫩肉質，也賞心悅目。或者高溫熱油烹炸，有著高級白肉魚的香甜氣味，也讓人為之著迷。

同場加映

職業釣手或小釣漁船，多有長年累積經驗下所掌握的祕密釣點或水層，若再加上魚探機，往往可以將甚受市場歡迎，諸如赤鯮、馬頭魚等既美艷、美味同時行情價格看俏的種類一舉釣獲，甚至運氣好的話，還可來上幾條俗稱「四齒」的狐鯛（*Bodianus oxycephalus*）。上述這些漁獲多是養家活口的溫飽來源，因此多優先供應市場；而自己會留下食用的，則多是體型分量稍顯不足，或是零星釣獲且名不見經傳的「外道魚」。不過，不論是俗稱「海狗甘仔」的擬鱸，或是顏色豔麗且形態優美，俗稱為「紅新娘」的長鱸（*Liopropoma* spp.），皆因肉質細嫩鮮甜，而成為漁家的私房美味。

快速檢索

學名	*Parapercis* spp.	**分類**	硬骨魚類	**棲息環境**	近海底層
中文名	擬鱸	**屬性**	海生魚類	**食性**	動物食性
其他名稱	英文通稱為Sandsmelt；日文漢字則為虎鱚。				
種別特徵	體長約莫十到十五公分，體幹則稍粗於大拇指。腹部平坦，具有相對圓鈍的頭部，以及延長的背鰭與臀鰭，尾鰭末端偏圓。體側條紋與顏色隨種類而有不同，棲息於近海具礁岩零星散布或沙泥的底層，多隨馬頭、赤鯮或石狗公等魚種被釣獲。				
商品名稱	海狗甘仔、雨傘門或沙鱸。	**作業方式**	誘釣或偶爾出現於誘捕螃蟹籠具之中。		
可食部位	除去內臟後的全魚。	**可見區域**	臺灣四周沿海與離島。		
品嚐推薦	多有小釣漁船或蟹類誘捕漁船作業周邊區域，但多需直接洽詢漁人或店家，特意吩咐比較容易購得嚐到；東北角與離島機會較高。				
主要料理	乾煎或酥炸。	**行家叮嚀**	十五公分上下者體型與風味最佳。		

鮟鱇

以靜制動

緯度愈高，體型愈大。全身都是寶的鮟鱇，肥美細嫩的魚肝是美味首選，其餘還包括魚皮、胃、魚鰭、軟骨與肉等。不過購買時可得優先挑選腹面潔白且完整無缺口的漁獲，以免珍味被人搶先一步。

許多人知曉鮟鱇，大概是來自那造型古怪，甚至令人感到驚恐不適的深海物種，不過若懂得調理，仍有不錯風味。

雖然是供作食用的種類，然而卻是其貌不揚，那暗沉體色、濕黏的體表質地、充滿疙瘩的體表，以及誇張的頭部比例與貌似猙獰的臉孔，往往讓鮟鱇難登展示食材的櫥窗或是以全貌示人。只不過那肥嫩的魚肝、香甜緊實的肉質口感脆彈的魚皮與胃袋，都令

人垂涎欲滴，與特殊樣貌形成強烈對比。

棲息於稍具深度底質環境的鮟鱇，多利用與環境相彷的顏色乃至樣貌，隱身於充滿沉積物的海底環境，多數時間不太移動，僅有獵物接近時，會以背鰭特化的釣竿稍微擺弄一番，然後趁其不備之際，以血盆大口倏地吞噬。以魚蝦或章魚為食，但卻又待在海底不動，自然讓他們有了相對肥滿的肝臟和肉質。

不論東北亞或緯度較高的歐美溫帶海域，多有出產鮟鱇。臺灣周圍海域僅出產小型種類。歐美多以除去頭尾、骨刺與魚皮的清肉為主，常見食用方式包括乾煎、烘烤或烹炸。而日本與韓國則多以鍋物為主，其中日本善於利用魚體各部位的不同取材，烹製別具特色的料理，因此多成為每每提及相關食材時，最常被例舉的特色料理及其利用。

亞熱帶與熱帶所產的鮟鱇多半體型不大，約僅有三十公分上下的體長。在分量有限下，多取尾部，經剝皮後，供自助餐、團膳調理。近年不乏有海產店或餐廳，衍生出諸如醬爆、紅燒、糖醋或三杯等風味菜式。

鮟鱇的身形明顯縱扁，頭身比例特殊，加上全身軟滑表面具有大量黏液，不易掌握重心，難以放置或操作，故發展出「吊殺」的特殊處理方式。操作時先用鐵鉤穿過口

部，一如衣物般掛起，然後分別由胸鰭基部、背部與腹部入刀劃出切口，將魚皮剝下，隨後則是依序取下兩側胸鰭與魚鰓，同時打開腹部，取出魚肝，與同屬鮟鱇七寶[2]的胃袋後，再取下主要肉質分布的尾部，完成所有的宰殺操作。

在日本，鮟鱇是冬季的時令名物，肥滿且鮮度絕佳的大型漁獲，價格往往相當昂貴。臺灣食用的鮟鱇，多為底拖網漁船作業時的副產漁獲，由於身形不致過大，所以循一般宰殺處理即可。魚販販售時多以飽滿的腹部朝上示人，以降低其視覺上的衝擊。

鮟鱇火鍋是日本季節限定的美味，特別是那同時加入鮟鱇七寶的豐富取材：爽脆鮮香的胃袋與魚皮、口感獨特的魚鰓與魚鰭、

被形容成海洋鵝肝的魚肝等，湯色濃稠且風味濃郁，若是再放入卵巢，更顯滋味非凡。如果人數不足以享用這道分量十足的鍋物，不妨也可以來個搭配酸醋的魚肝珍味，或是以薄粉乾煎至表面酥脆，而調入磨細過篩魚肝而經蒸煮的豆腐，入口後久久不散的鮮香，也是難得美味。

臺式鮟鱇料理，而多以剁成塊的拆件，大火烹炸或爆炒。不論是表面酥香的椒鹽，或甜酸兼具的糖醋、氣味鮮爽的三杯與醬爆，用於佐餐或配酒都相當合適。而在細火慢燉的味噌湯中，也不難嚐到鮟鱇魚的鮮甜滋味。

同場加映

鮟鱇在許多料亭或高檔餐廳，除多有供應日本直送的鮟鱇魚肝，每逢產季到來，還多會進口整尾的完整魚體，並依據不同部位的風味與口感特色，以煮物或鍋物方式呈現以饗饕餮。可惜在國內不易見到因應鮟鱇所發展出別具特色的吊殺處理，否則若能欣賞廚師依序處理魚體，也是感受鮟鱇風味精彩之處。

2 「鮟鱇七寶」由魚肉、魚皮、魚鰓、魚鰭、胃袋、肝臟與卵巢所組成。

快速檢索

學名	*Lophiodes* spp.與 *Lophiomus* spp.	**分類**	硬骨魚類	**棲息環境**	近海／底棲
中文名	擬鮟鱇屬與黑口鮟鱇屬	**屬性**	海生魚類	**食性**	動物食性
其他名稱	英文通稱為Anglerfish或Goosefish；日文漢字同中文皆以鮟鱇表示。				
種別特徵	體型縱扁，具有比例明顯的頭部，同時橫向開裂的口裂幅度明顯；下頜略顯突出，口內上下皆具為數眾多的尖銳細齒。頭部寬度明顯，其後方具發達的肩帶與胸鰭，而身體則比例較小且明顯向尾部窄縮。頭部具背鰭特化的釣竿，用於吸引獵物以利攝食。				
商品名稱	鮟鱇、安康、老頭魚	**作業方式**	底拖網、延繩釣或陷阱籠具偶有捕獲。		
可食部位	皮、肉、鰭、肝臟、胃袋、鰓與卵巢，並稱為鮟鱇七寶。	**可見區域**	基隆崁仔頂、頭城大溪與屏東東港。		
品嚐推薦	相關販售與品嚐主要集中於產地周圍，但目前有愈來愈多的餐廳為標榜產地直送的特色料理，因此多會由大型卸貨或拍賣市場購得。國產鮟鱇皆為小型種類，因此分量、料理或風味不如日本進口之大型漁獲。				
主要料理	魚肉烹炸，其餘多煮火鍋。	**行家叮嚀**	選購時請先留意肝臟是否被另行販售。		

魟魚

隱形轟炸機

往昔總因為軟骨魚種多有明顯異味而少有食用，但隨著料理與調味應用推陳出新，如今魟魚受歡迎的程度不輸鯊魚。本地的「豆醬芹菜魟魚」或帶有南洋風味的「香辣魔鬼魚」，儼然成為時興的流行味。特別是其帶有大量軟骨的鰭邊，質地扁薄，搭配烹調溫度與時間，口感新奇。

寬闊扁平的體幅，加上多在水層中無聲無息的潛行，古怪的型態、顏色，與神出鬼沒的習性，讓許多人將之與隱形轟炸機產生有趣聯想。但其實魟魚不時出現在市場與餐桌上，只是你可能沒有察覺到。

絕大多數的魟魚都是外型縱扁，實為適應環境與生態的棲性使然。長時間的演化

下，魟魚多半擁有著廣寬且包圍體盤周緣的寬闊胸鰭，以及一條延長如柄或鞭狀的尾部，部分種類，在尾部還具有鋒利的棘刺，以及足以叫人疼痛難耐甚至致命的毒性。

魟魚分布廣泛，從南美的內陸淡水到外洋，其中不乏底棲、在開放水域中層甚至偶爾貼近水面活動的種類。與鮫或鱝同屬於軟骨魚類，因此體液與組織中特殊的胺基酸與尿素組成，雖然在生理上提供相關物種調節或平衡滲透壓的優異能力，但卻讓他們在品嚐時不免有著相對特殊的氣味。不過那扣除內臟後幾乎全數可食的皮、肉與軟骨組織，口感質地一如魚翅——甚至分量更大但卻價格低廉——受許多餐廳或饕餮所關注。

魟魚的利用與食用，在全球幾乎與外型流線的「鮫」（鯊魚）不分軒輊，甚至有超越之勢。一來因為魟魚資源的利用，不論在爭議或挑戰上，都不如鯊魚急迫且受到關注，二來則是因為魟魚多有漁獲種類、數量與消費習慣上的落差，因此相關品嚐多侷限於特定區域與飲食文化，而少有全面性的持續利用。

歐美偶爾食用魟魚，但僅取清肉，裹粉或裹漿後入油鍋中烹炸或烘烤；東北亞的韓國、日本與中國遼東半島，會以醃漬或燉煮料理之。而在印尼、泰國、馬來西亞與新加坡等東南亞國家，多以鐵板煎烤或燒烤為主，並依據不同地區的風味偏好，加上黑胡椒醬、沙爹醬或帶有酸辣的調味，品嚐前再擠上酸桔或檸檬——搭配冰鎮的椰汁、甘蔗汁

或薏米水，十足南國風情。

供作食用的小型魟魚可自行宰殺，但體重達數十至數百公斤的大型漁獲，則多在產地或批發市場分切。但不論體型大小與分量差異，宰殺前的首要動作是將尾部剁除，以化解可能遭到毒棘刺傷的風險。

魟魚的肝臟比例明顯，但利用情況不如各類鯊魚，因此多隨著內臟一同移除。另罕供於食用的還包括了早先剁除的尾部與帶有堅硬與粗糙牙齒的口部周圍，其餘則多斬剁成塊，少有完整魚體銷售。主要目的除方便秤取外，同時也可以降低民眾在選購與食用上的心理障礙。因此不論在漁獲產地、傳統市場或海產店與熱炒小攤上，魟魚總是被分切斬剁成約莫麻將至鳳梨酥大小的方正塊狀。

魟魚屬於軟骨魚類，具有特殊氣味，所以不論中西飲食，取材魟魚烹製的料理，少見清淡料理，總會混入大量香料，搭配高溫烘烤、爆炒或悶燉久煮，藉以修飾氣味。修整下來的魟魚鰭邊，則會經過清理、乾製，與隨後的泡發與燒燴，成為風味、口感甚至樣貌都與魚翅如出一轍的料理表現。而其中，近年在中國坊間瘋傳魟魚鰓部（膨魚鰓）具有的特殊醫療效果，也讓原本沒沒無聞的魟魚，突然備受關注。

相對於幾無根據的民間傳說，魟魚在國內的料理應用，反倒顯得務實。常見料理，將經滾水汆燙的的魟魚切塊或切條，加入大量的豆醬、薑絲與芹菜大火爆炒；餐廳則多半會再以鐵盤盛裝，然後在下方放置可持續加溫的酒精膏或小爐火，隨加熱時間累積，讓客人感受不同的口感變化。此外，由東南亞傳來的「香辣魔鬼魚」，以濃郁的醬料澆淋在以鐵板乾煎或炭火烘烤後的大片帶皮魚肉上，讓人可以順著骨刺的紋理，品嚐柔滑細緻的魚肉與彈脆爽口的軟骨。

同場加映

魟魚雖多有釣獲或誘捕，但奇特的樣貌，與軟骨魚類不討喜的特殊氣味，因此在市場中，算是價格相對便宜的漁獲，為團膳、自助餐業者所廣泛使用。不過，若加以調味，魟魚在口感上仍頗為出色。而鄰近漁獲產地周邊，或是熟悉食材特性與料理手法的漁家，也多會利用包括日曬、風乾乃至發酵或釀製等方式，或經發製[3]與復水回軟後，和滿是油脂的五花肉一同紅燒，別有一番滋味。

---

3 針對水產乾貨或漬物的處理技巧，包括烤發、油發或水發（還區分為冷水發或熱水發）。

4 我國漁業主管機關漁業署與負責海洋野生動物保育之海洋保育署，已先後公告以雙吻前口蝠鱝（*Mobula birostris*）與阿氏前口蝠鱝（*M. alfredi*）等兩種鬼蝠魟列為需保護與通報對象。

快速檢索

學名	依種類不同而定	分類	軟骨魚類	棲息環境	沿近海／底棲
中文名	魟魚	屬性	海生魚類	食性	動物食性
其他名稱	英文稱為Stingray；日文漢字以「糟倍」或「鱏」表示。				
種別特徵	身形明顯縱扁，具有寬大的胸鰭，並多圍繞並與體盤融合，具有一延長的柄狀或鞭狀尾部，部分種類具有棘刺或毒刺。眼睛位於背側，其後有水孔，而口部與鰓裂則位於腹側，主要以底層中的蝦蟹與螺貝為食；部分在開放水域中層自由活動種類則有濾食特性。				
商品名稱	魟魚、蝙蝠魚、魔鬼魚	作業方式	延繩釣、圍網、拖網或定置網。		
可食部位	肉、皮、軟骨。	可見區域	臺灣本島與離島沿近岸海域。		
品嚐推薦	因為魚價不高且罕有妥善保鮮，因此在漁獲產地周邊多有相關食用風氣與特色料理。				
主要料理	快炒、煎炸、燉滷或加工乾製。	行家叮嚀	留意勿購買或食用保育[4]種類。		

白猴　面不改色

擁有著一對延長螯肢的海產蝦類，正似那以靈活且有力手臂在林間擺盪的猿猴一般，因此漁家或餐廳多習慣稱之為蝦猴。不過白猴特殊之處不僅於此，小到不行的眼睛比例、生熟皆為灰白的殼甲，與鮮到誇張的甜香，想見其自然分布與出產不一般；沒錯，那正是來自數百米底床上的特殊滋味。

白猴指的是不論生鮮或煮熟後，體色皆呈灰白的深海蝦類。一般蝦猴多是指臺灣西南沿海的「美食奧螻蛄蝦」，但除彰雲嘉一帶，海產店習慣將具有延長螯肢的「海蝦」稱為蝦猴。白猴有著蝦猴般的灰白體色，又有霸氣的外型，特別是還有著一對延長且在末端粗壯的螯肢。但古怪的是，不論汆燙蒸煮或燒烤，總難改變他的顏色。

美味的蝦類向來是許多饕餮情有獨鍾的心頭好，一是不論肉質或膏黃皆具迷人滋味，二來則是手口並用的品嚐過程，饒富趣味且痛快盡興，況且還往往隨種類組成、體型分量乃至由生至熟的多樣料理方式，可享受截然不同的風味表現。更別說罕見於一般市場或餐廳中的怪異蝦類，還沒剝殼品嚐，便先被其古怪長相所吸引。

這些在棲息於特定水層，或具一定深度的種類，多隨著分布水深增加，而在體水分比例、胺基酸組成乃至體色上呈現微妙變化，例如從淺海到深達數百米以上的底床，顏色往往由鮮豔多彩，依序轉為以紅色及白色為主的單色表現，甚至在無光環境中的生物，體表色素早已因為視覺無用而在長時間的適應與演化下逐漸喪失，甚至其攝食對象與體組成，也與充滿生產力的河口、潮間帶與淺海環境大異其趣。

白猴是甚得吃主們青睞的蝦類，雖然外型不如俗稱小龍蝦的角蝦來的俊俏傲嬌，分量上也不若兩、三尾便達一斤的胭脂蝦，然相對於前者殼軟易剝，而與後者相較鮮甜濕潤不遑多讓，且具有一股特殊腥香，也讓白猴的詢問度總高於兩者。

只是由於白猴的採捕深度多超過四百米，底棲屬性的他們，多必須仰賴陷阱籠具或底拖網方能捕獲，也讓白猴僅出現在部分於深水海域作業的漁船。收網的過程也並非直接自海中快速拉起送至甲板，而是必須通過不同水層。也因此，經過多個溫度差異變

化，網袋中各類魚蝦蟹貝與雜物相互擠壓碰撞，以及隨海況、風浪而或有差異的作業時間，若要獲得外觀完整且鮮度絕佳的白猴，不僅需要專業加持，還得憑藉幾分運氣。

除少數像是以頭城大溪或南方澳為運補或卸貨拍賣港口，可在龜山島周圍海域作業，並於當天返港的船隻，偶爾有當日現流的深水漁獲可供挑選，或仰賴東港一帶偶有漁船停靠卸貨，否則一般供應白猴的船隻，大多都來自往返航程數十天至數週的中大型拖網漁船。只是相對主要以捕捉角蝦或胭脂蝦為大宗的蝦拖網漁船，其卸貨僅有少量白猴，除多供應長期合作的店家，便是體型參差明顯、外觀缺損的零星自用。

白猴滾水汆燙最能品嘗原味，但在剝殼之前，不妨先好好欣賞那略顯古怪的特殊外觀，然後吸吮滲出的鮮甜汁液，感受那來自深水底層的迷人魅力。

體型不大或是外觀缺損的白猴，多半被打入飼料加工的下雜魚料之中，雖然肥了那些養殖培育的石斑或鯛魚，但卻也不免稍顯暴殄天物，因此只要體全長有約莫食指大小，便已具備食用價值。鮮度良好者會被刻意挑出，然後用混合冰塊與海水的低溫環境保鮮，或是凍結保鮮直至烹調前才以流水隔著塑膠袋快速解凍，以盡可能保留鮮度。酥炸雖然方便可口，但是不免讓那質地間的甜美難以留存，並隨油溫上升與持續烹炸最終

蕩然無存。反倒是簡單的滾水氽燙或鹽焗，最能迅速展現其鮮香滋味，並在入口第一時間，感受那濃郁不散的彈脆鮮甜。

氽燙後的白猴，正如其名，灰白體色與生鮮時並無明顯差異，但多了股略帶鹹鮮的特殊滋味，推測那是來自深水環境特殊的食物與生態，以及其有別於淺海環境的營養傳遞與能量利用形式有關。白猴質地除有飽滿的濕潤與脆彈，同時在頭胸甲內的蝦膏、延長腹部中的肉質，乃至腹側下方鵝黃至粉紅的卵粒，也都可以舌尖味蕾享用，感受有別於淺海蝦類的奇妙品嚐經驗。

同場加映

深水處的蝦蟹總是迷人，但礙於許多蟹類的食用價值甚至毒害特性難以捉摸與確認，因此一般品嚐還是以蝦類為主。而隨不同捕捉區域與深度，多可在包括頭城大溪、南方澳或東港等地，見到外型特殊、顏色各異甚至讓專精於分類領域中的學者專家也叫不出名稱的多樣種類。此外，從小型的浮游種類到大型的底棲種類，其中不乏身形樣貌好比櫻花蝦般擁有晶瑩剔透外型的小蝦，也有外型分量直逼龍蝦般的大個頭，只是深水處的蝦種多以相對單一的體色，但卻有奇特罕見外型而引人關注。

快速檢索

學名	*Nephropsis* spp.	**分類**	節肢長尾	**棲息環境**	深水／底床
中文名	擬海螯蝦	**屬性**	海生節肢	**食性**	碎屑食性
其他名稱	英文稱為Ghost shrimp；日文漢字為「翁蝦」。				
種別特徵	眼睛甚小或是已經因為不具功能而退化，主要原因為生存於深海無光帶，使其視力在幽暗環境無用武之地。體色皆為灰白色，殼甲表面粗糙並具類似絨毛或短刺狀的質地，質地則相對淺水種類柔軟；最大特色則為生鮮與烹煮後的顏色幾無差異。				
商品名稱	白猴	**作業方式**	深水拖網捕捉，多為意外捕獲。		
可食部位	蝦肉、蝦膏與蝦卵。	**可見區域**	龜山島周圍與屏東東港。		
品嚐推薦	基隆、宜蘭、南方澳與東港偶可見到，但多為偶爾出現、數量有限且供應狀態甚不穩定。				
主要料理	汆燙或乾煎。	**行家叮嚀**	須留意保存狀況與是否有不當退冰。		

柴龍

深海特仕款

雖然以其形態與分量，勉強稱得上是龍蝦，但受限於棲息地壓力、溫度與作業漁法，所以上岸便已虛弱或死亡；既然如此，便索性以低溫凍藏，確保質地風味。餐廳多為滿足顧客好奇嘗鮮的動機下，安排準備，可惜僅能以滋味鮮明的爆炒、焗烤或煮湯對付，與一般生猛鮮美的礁岩龍蝦差異不免明顯。

雖從身形分量的霸氣，可以看出其與龍蝦不論在親緣、名稱或風味上的關聯，然而因為分布於深度明顯（大於一百五十公尺）的水層，自然在外觀上稍有差異，同時顏色也多與淺海或珊瑚礁中分布那顏色繽紛的種類，有著截然不同的表現。

被稱為「箱龍」或「柴龍」的深海龍蝦，多半分布在水深兩百到八百公尺的深層海底，底質多為沉積泥沙或礁岩。或許因為棲息環境陽光照射不到，同時物種組成與生態與淺海環境迥然有異，讓他們在外型上演化，而與常見種類明顯不同。

相對於我國淺海分布或進口的棘龍蝦（spiny lobster），柴龍在活生時便呈現較為單調的橘黃、淺褐至赭紅色，除體表突出的棘刺分布較少且相對較不明顯外，身體也多略顯縱扁，同時線條方正，尤其是那比例幾乎佔全長近二分之一的頭胸甲（carapace），也難怪有著「箱蝦」或「箱龍」等稱呼。

棲息於底層水域的生物，尤其是捕食能力有限的物種，主要食物來源多以由上方沉降的生物碎片或有機碎屑為主，偶爾則會取食環境中的螺貝或蝦蟹等軟體與節肢動物，而為對抗明顯水壓，所以不論體內水分比例與胺基酸組成，也多與淺海物種存在差異。

柴龍多以拖網或陷阱籠具所獲，短時間內通過溫度差異明顯的水層，又與多種類的海洋生物混獲，因此除捕獲個體多有鬚肢斷裂或脫落外，活存率不高。此外，為確保鮮度品質，便於後續的儲運，除當日返港者多浸泡於投入大量冰塊的海水中保鮮，避免腐敗或因氧化而變色，否則多是依據種類與體型大小迅速分級，單隻套袋並裝箱後放入船艙中急速冷凍，直到販售或烹調前方行退冰。

歐美飲食習慣，僅取用柴龍尾部，常見料理以烘烤、油煎或是汆燙剔肉後並切塊加入沙拉、冷盤或濃湯之中。相形之下，喜好大型蝦類用於喜慶宴客的亞洲，則習慣整尾呈現。只是柴龍相對黯淡的體色，以及稍顯陌生的外型，讓他們多以滾煮味噌湯或大火快炒等形式呈現，偶有加入蒜蓉醬汁清蒸，而鮮少以類似活生近海龍蝦班，主要以生鮮、清蒸或白灼形式品嚐。

分布水層明顯深於一般棘龍蝦的柴龍，因為多以冷凍漁獲方式儲運與販售，因此在宰殺處理上不如活生龍蝦一般，必須對抗其布滿棘刺的體表，以及奮力抽彈的尾部。這看似光滑的殼甲稍具厚度，同時因為稜角明顯，所以下刀不易，除非整尾汆燙，否則不論是將其頭尾分離，或是斬剁成塊，皆建議由相對柔軟的腹部下刀。

低溫冷凍的完整柴龍，建議直接在水下沖洗迅速退冰，切勿長時間浸泡或久放，待蝦身稍顯柔軟且能活動之際，便可剖半或是直接切塊。把握內部尚未完全退冰，一方面可以確保鮮味不致流失，另一方面則方便將包括頭胸甲內側下緣的泥沙移除，或是輕鬆且完整的抽除可能因堆積泥沙而影響口感與風味的泥腸（包括尾部上方中線處的中腸與後腸），以便後續料理。

由於消費市場多對龍蝦有著價格與口味上的迷思，因此舉凡大型、具有類似龍蝦外型或親緣之物種，多被冠上龍蝦之名販售。而消費者也多半因嚮往而買單，但實則隨不同種類、出產、商品品質與保鮮狀況差異，在風味口感上存在明顯區別。不過一分錢一分貨，只要能接受價格與風味，也算童叟無欺，開心就好。因此，多以冷凍保鮮的柴龍，雖偶以紅龍蝦、深水龍蝦或柴龍蝦等名稱販售，但其實價格多半不高，而常見料理除有斬剁後加入佐料快炒，亦不乏直接烹煮味噌口味的湯點，或是經汆燙後取肉切片或切塊，作為沙拉冷盤之用。雖然在風味口感上不比鮮活龍蝦，但只要妥善退冰，滋味仍稱鮮美。

是故剖半乾煎、在表面塗抹奶油或是撒上起司焗烤，或是斬剁成塊後，先烹炸定型並鎖住水分，隨後再以豉椒、咖哩或是避風塘等調味佐料拌炒，也能展現風味；特別是殼甲經高溫催化後，往往能釋放特有腥香，讓風味更顯芬芳出色。

同場加映

拖網所獲的蝦蟹，或許不是一般市場經常可見，甚至在形態與顏色上亦有別於一般淺海或養殖所見，例如活生或生鮮時便呈現粉紅至橘紅的各類管鞭蝦、鬚蝦或海螯蝦等，多讓人眼花撩亂，大感驚奇。

深海蟹類一如淺海種類一般，由於毒性與可食與否實難辨識判別，因此並不建議任意烹調料理與食用。唯蝦類多半無害，因此只要鮮度無虞，不妨可稍加嘗試。由於深海環境之物種其體水分與胺基酸組成多有不同，因此簡單的汆燙焯水或是鹽焗乾煎，便可享受食材鮮甜原味。特別是深水拖網或籠具所獲的蝦類，除了多人熟悉的胭脂蝦、大頭蝦或俗稱「角蝦」的海螯蝦（scampi）外，例如俗稱「蝦母」的異腕蝦，或是因為分布深度更加明顯而體色灰白的相關種類，也都別具風味，相當值得一試。

快速檢索

學名	*Linuparus* spp.	分類	節肢長尾	棲息環境	深水／底床
中文名	脊龍蝦	屬性	海生節肢	食性	動物食性
其他名稱	英文稱為Spear lobster；日文漢字為「箱蝦」或「箱海老」。				
種別特徵	具有與沿近海國產或進口棘龍蝦（spiny lobster, *Panulirus* spp.）的類似外型，但除體表突起棘刺相對較少外，同時在頭胸甲與尾部具有相對明顯的稜線。體色多為淺橘、磚紅至褐紅色，烹煮後顏色則與生鮮時差異不大。多為深水拖網或籠具捕獲，並冷凍方式儲運。				
商品名稱	紅龍蝦、柴蝦、紅柴蝦、柴龍	作業方式	深水拖網捕捉，多為意外捕獲。		
可食部位	蝦肉與蝦膏。	可見區域	龜山島周圍與屏東東港。		
品嚐推薦	基隆、宜蘭、南方澳與東港偶可見到，另偶為遠洋漁業副產漁獲或冷凍進口商品；其中亦不乏以龍蝦尾形式供應。				
主要料理	汆燙後剝肉、快炒或煮湯。	行家叮嚀	須留意凍結保存是否造成明顯脫水。		

象拔蚌　長的其實不是鼻子

象拔即是粵語所稱象鼻。由此可知此大型雙枚貝類的外形特徵，同時也透露出華人餐飲中的主要品嚐，來自專擅料理的潮汕港粵。由於多以活貝販售，所以不乏生食、汆燙、油浸等多樣，不過其實只要新鮮，焯水後便是滿口鮮爽，無須錦上添花。

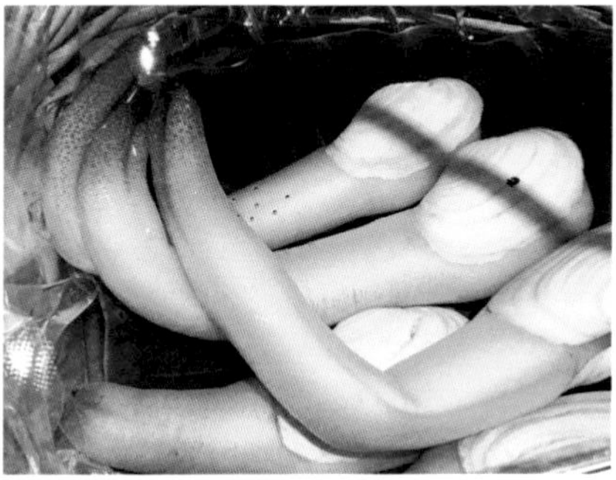

有首形容大象有著長鼻子的兒歌，陪伴了許多人的童年成長，簡單旋律與有趣歌詞，讓人迄今依舊能琅琅上口。而在眾多海鮮之中，也有一類因為具有延長如象鼻般特殊形態的貝類，被稱為象鼻貝或象拔蚌，而那延長柔軟甚至顏色質地都神似象鼻的部位，其實是他們用以呼吸與輔助濾食的水管。

象拔蚌因為具有一明顯延長的水管，加上樣貌、顏色與觸感皆類似象鼻，因得此名。國內食用的風氣肇因於兩岸交流日益頻繁的近二、三十年，主因飲食風氣受中國東南沿海——特別是香港與廣東——粵菜中使用的象拔蚌，受國內喜好，且成為標榜生猛游水海鮮，或專擅港粵風味菜式的餐廳酒樓，經常使用的高檔食材。

相較於牡蠣、蜆或文蛤等日常食用貝類，同屬於軟體動物瓣鰓綱，或因具有一對殼貝而歸納為雙枚貝類中的象拔蚌，不但具有特殊外型，甚至就比例、型態與分量而言，都讓人感到新奇。一是那延長可達殼長兩倍以上的「水管」，另一是當個體驟然離水或受到刺激時，還會噴出強力水柱，嚇人一跳。

有多樣種類或近似型態與親緣廣泛分布於亞熱帶與溫帶地區的象拔蚌，風味鮮美、口感脆彈，所以成為全球廣泛食用的海洋貝類。只是料理與品嚐方式，隨資源分布、取得成本與口味偏好不同而稍有差異，但卻也突顯了象拔蚌在料理上的多樣表現。歐美對於這類大型貝類，多半以油煎或是滾煮濃湯，雖然可享受貝類特有的風味與口感，但不免錯過了更顯精彩的鮮美質地。

在日本，象拔蚌多以生魚片或壽司呈現，感受其鮮爽脆彈。而在華人地區，則會將不同部位，分別以白灼、快炒、煲湯等方式呈現。

臺灣周邊海域並無出產類似種類，因此來源皆為進口。好處是，可乾式運輸的象拔蚌，只要以橡皮筋緊縛殼貝，直立擺放，在保麗龍箱中維持潮濕，便可以空運的方式平安運送，隨後再放入水槽回復即可。然雖說如此，要品嚐象拔蚌的美味，最好把握個體鮮活狀態。因此餐廳酒樓販售的象拔蚌，總是整齊的擺放在水槽中，而消費者也可依據其水管的粗細、伸縮與活力狀態，評估鮮度與肥瘦，作為判定品質與預期風味的參考。

象拔蚌在處理時會直接以小刀將軟組織自殼貝處切斷並使分離，取下軟組織，區分為套膜、水管與內臟團等三大部分。雙枚貝主要的足部，在象拔蚌這類物種中因罕具功能而比例極小，幾無分量可另行分別料理或品嚐。主要食用的水管，不論生、熟食皆須

先去除表面色澤較深且質地略粗糙的角質層，方能享受其脆彈。

象拔蚌多可「一貝多吃」，除了將水管切片後作為火鍋汆燙或白灼，再蘸以沙茶、芥末醬油或是五味醬品嚐外，其餘部位亦可以蔥油或添加豉椒大火爆炒，享受鑊氣下的鮮爽風味。

日本料理中，除可在生魚片或握壽司中，見到切成不同厚薄並於表面以細膩刀工刻上特殊花紋的象拔蚌，其餘部分則多加入蒸蛋中或清湯呈現，讓風味鮮上加鮮。

同場加映

臺灣四面環海，又鄰近中國東南沿海，飲食習慣與口味除以福建與港粵為主，亦不乏江浙乃至平津，理當對於各類螺貝類抱持高度偏好，但或許因為文蛤、牡蠣與蜆等貝類養殖在臺灣多有穩定生產、平實價格與優異品質，雖為日常飲食尋常可見，但對於其他種類卻少有嘗試動機，不免過於可惜。

近年隨貿易運輸便捷快速，多種類的螺貝類分別由東南亞、東北亞、紐澳、北美甚至歐洲進口，雖主要供特定餐廳使用，但也偶爾出現於觀光魚市乃至傳統市場，因此只要鮮度良好且價格合理，建議不妨一試。例如俗稱小象拔蚌的莢蟶（*Siliqua* spp.）同樣具

有特殊外型的竹蟶[5]，以及近年多有活貝進口的蝦夷扇貝、北寄貝與青柳貝等，也都是值得品嚐的美味。

5 可參考《怪奇海產店》218頁。

快速檢索

學名	*Panopea generosa*	分類	軟體瓣鰓	棲息環境	淺海／潛底
中文名	太平洋潛泥蛤	屬性	海生軟體	食性	濾食性
其他名稱	英文稱為Geoduck；日本另有產具類似型態的種類，多以漢字「大溝貝」或「海筍」表示。				
種別特徵	具分量的雙枚貝類，特別是遠遠超過殼貝閉合所能容納，明顯延長的水管為其主要特徵。因在形態、質地與顏色上多與象鼻類似，因得此名。由北美以空運方式進口活貝，並經蓄養後出售，主要品嚐部位為經過清修的水管，其他軟組織次之。				
商品名稱	象拔蚌、象鼻棒、象鼻貝、帝王貝	作業方式	野生天然，收成時於灘塗上以人力挖掘。		
可食部位	除去表面後的水管，以及除去肝胰臟後的其餘軟組織。	可見區域	本種主要分布於北美，另有具類似形態僅體型較小的近似種類，由中國或東南亞活生、冰鮮或經清修後冷凍進口。		
品嚐推薦	經過清修後的軟組織多可依據喜好不同，分別以生鮮品嚐，或經汆燙、快炒、油煎或悶煮後享用；其代表分別為生魚片、握壽司或手卷，以及白灼或蔥油象拔蚌等料理。				
主要料理	鮮活貝體經打理後多以一貝多吃方式呈現。	行家叮嚀	生鮮食用請格外留意鮮度與處理過程與環境的衛生狀態。		

西施舌

軟玉溫香的纏綿

不耐運輸與蓄養的西施舌，殼薄、肉嫩，矜貴無比，所以向來若要品嚐風味都得造訪產地。因其殼貝易碎或難以常保肥滿豐潤，而少見於一般市場或餐廳，只在西南沿海有較多出產。鮮活貝體以滾水汆燙，不論是搭配蔥薑絲與酸醋涼拌，或是冰鎮後直接蘸以芥末醬油，都是夏日清爽開胃的滿口鮮香。

光聽便令人嚮往的食材——西施舌，指的是一種棲息於半淡鹹水泥沙灘塗的中型貝類，因為明顯延展的足部與水管，特別是質地肥厚、軟滑且豐富多汁，形態如舌，因此方得此名。

光就名稱聽來，不論是「西刀」或是「西施舌」，總難知曉所指何物，但見到本尊，也多會為其看似單薄且極其脆弱，且多呈現長方卵形的扁薄殼貝感到好奇。因為他既非市場或餐桌常見種類，同時品嚐經驗亦多闕如，也難怪這因為不易運輸的鮮活美味，就僅得到產地周遭享用，而難以長時間的運輸或蓄活。

更何況，早先曾有食用後中毒的新聞事件，因此對於無法確認來源、分辨品質的人而言，難提起興趣甚至敬謝不敏。不過相對於外表多為褐綠而內緣呈現紫色的殼貝，比例鮮明且可吸水脹大的肥軟足部，以及一對明顯延伸的水管，加上包含內臟團的軟組織，除為其主要的食用部位，同時也是西施舌風味迷人之處。一經汆燙，便能感受到鮮

香與脆彈口感。

雙枚貝類只要稍具體型，多半會做為食材。那由足部、套膜與水管共同組成的軟嫩口感，以及貝殼貝緊緊封存的鹹鮮，甚為美味，因此不論中西，總有針對不同種類的對應料理。

在歐美，西施舌多以奶油或白酒烹煮，或者取肉滾煮濃湯或醬料。而在以華人為主的亞洲地區，從生食、汆燙、爆炒乃至乾製與醃漬等，無一不是為品嚐原味，或是藉由時間與微生物交互發酵作用使其更顯美味。特別是多棲息於河口、紅樹林或潟湖中，同時受到海洋與陸域河川攜帶兩方滋潤的半淡鹹水區域，其中所產的

牡蠣、文蛤與西施舌等，更堪稱方便取得且數量相對豐沛的美味。洗淨後簡單汆燙，便能享受鹹甜兼具，鮮香芬芳的風味口感。

體型相對較小的二枚貝多直接烹煮，頂多為避免活體在殼內夾藏泥沙，會以敲擊方式聽其聲響確認鮮活外，經靜水蓄養使其吐淨泥沙後，直接入鍋快炒或滾煮。西施舌殼貝薄脆，所以並不適宜在大火熱鍋下奮力翻炒，除殼貝易碎恐影響品嚐外，同時也容易使其生熟不均或難以展現那細膩濕潤的軟滑質地。因此不論是涼拌或快炒的西施舌，多會在洗淨後先以滾水快速焯一下，旋即冰鎮，並在水中將已然固定成型的可食部位輕鬆自殼貝上取下。而講究風味者，會以小刀剖開內臟團洗除其間雜物與泥沙。

在中國東南沿海，西施舌常會與其他由河口或灘塗採收的二枚貝，或是同屬軟體動物的螺類一同汆燙後，直接或蘸以醬料品嚐。前者享受鮮甜原味，而後者則隨醬料組成為蒜泥油膏、薑泥醋醬或是帶著辣味的蔥薑調料，讓風味層次更顯變化。

在臺灣西南沿海，西施舌是行家方才知曉的珍饈美味。特別是產期產季捕獲的肥美個體，不但個頭直逼掌心，同時肥嫩飽滿的足部，往往可從沉甸手感，便能預期那入口後的軟滑豐腴與甘甜鮮爽。足部是彈脆口感，常見作法有滾煮薑絲清湯、汆燙後取肉蘸

芥末醬油、五味醬或滋味酸香的薑醋醬。此外，也可搭配冰鎮後的洋蔥絲、青蔥絲，再淋上加入蘿蔔泥的酸甜醋汁，與氣味辛辣的芥末拌勻，便是極其開胃的一道料理。本地對雙枚貝的食用方式，還包括了以大火爆香蔥段、蒜瓣與薑片後，將事先燙熟的貝肉在熱鍋中快速拋鍋拌炒，起鍋時再拌入大把的九層塔的家常料理。

同場加映

臺灣過往曾有一段時間推廣西施舌養殖，但後來因為貝體不耐長途運輸，且有誤食經赤潮汙染的貝體而導致中毒的新聞，造成人心惶惶，因此總難在消費與品嚐上擺脫心中陰影。目前在中南部的傳統菜市場或觀光魚市，或是標榜使用在地出產或野生海味的餐廳中，偶可見到人力採捕的野生西施舌，建議確認品質後不妨一試。此外，在灘塗環境中，還多分布著諸如野生文蛤，或分別俗稱為公代及赤嘴仔的公代薄殼蛤（*Laternula marilina*）與環文蛤（*Cyclina sinensis*）等，在外型與分量上相近的可食用貝類。不論是洗淨吐沙後大火快炒或滾煮薑絲清湯，鮮活貝體總能提供鹹香芬芳的迷人滋味，以及吮品嚐時的無比樂趣。

西施舌

快速檢索

學名	*Soletellina*（*Hiatula*）*diphos*	**分類**	軟體動物門	**棲息環境**	泥灘／底棲
中文名	西施馬珂蛤；西施紫雲蛤	**屬性**	海生物種	**食性**	濾食性
其他名稱	英文稱為Sunset shells；港粵一帶則稱為貴妃蛤。				
種別特徵	具左右對稱的殼貝，惟殼貝質地薄脆；外觀為具環紋且深淺不一的褐綠色，殼面尚稱光滑，殼緣內側則多呈灰白至淺紫色。殼貝為長卵圓形。行潛底生活，多喜好棲息於軟泥底質，具發達的水管與足部，分別提供濾食與掘底移動等功能。				
商品名稱	西施舌、西刀、西刀舌	**作業方式**	以往曾有養殖，但目前多為人力挖採。		
可食部位	充分清理後的軟體部分	**可見區域**	中國大陸東南沿海與臺灣西南沿海。		
品嚐推薦	非供鮮食，多藉由焯水汆燙使質地鮮爽彈脆並確保食用安全，常見者包括煮湯、快炒或是涼拌。由於運輸不易，所以多於產地周遭供應，品嚐以臺灣西南為主。				
主要料理	白灼、涼拌、快炒、煮湯等。	**行家叮嚀**	品嚐時可充分感受鮮甜風味與爽脆口感，但如果品嚐後有唇舌麻痺、口齒不清或噁心暈眩，可能誤食受赤潮（渦鞭毛蟲／甲藻）汙染之貝體，應迅速就醫。		

海參

一整個烏黑滑溜

在華人傳統海產珍味的四大代表「鮑參翅肚」中，海參名列第二，民間相傳的調養補益，更讓其廣受歡迎。因此不論是宴客大菜，或小至家中的打滷麵、三鮮水餃或什錦燴飯，總能從那如略深於琥珀般的顏色間，感受入口後的特殊質地。

海參屬於棘皮動物，在分類上與海膽一同，有趣的是這兩種生物都造型古怪。海參可以平易近人的出現在三鮮燴飯中，也可以是喜慶宴客中的豪華菜式，更是名列華人四大海味鮑參翅肚[6]中的名貴食材。

海參廣泛分布在全球熱帶至溫帶水域，且隨緯度、海域及其資源與底質樣態不同。雖然並非所有種類皆可食用，但其中別具經濟價值的對象，不但多有鮮品或各類乾製商

品供應流通，甚者還多有大規模的養殖。

海參身形多呈圓筒或圓柱狀，長度與粗細則隨個體活動而持續變化，離水時會因緊縮而相對粗短硬實，而其受到傷害後絕佳的自癒能力，使人們對其食用後的補益功效有著無限遐想。在水中的海參會利用腹側為數眾多的管足活動，同時以自口部伸展的觸手攝取水層或底床中的有機碎屑為食，算是海洋中盡責的清道夫。海參遭遇危險時會吐出腸道與居維埃氏器，藉以威嚇敵害並趁機逃脫。不過別擔心，他們很快能夠再生，又是好「參」一條。

以往僅有以亞洲為主的華人地區會食用這種形態特殊的海洋生物，但隨華人移居海外，相關飲食風氣漸漸的在世界各地的唐人街與中華餐館被知曉。不過食材被接受或推廣的速度，往往遠不及華人消費利用的速度，因此商業性的採集、加工製作與貿易運輸，幾乎涵蓋全球。只要有海參資源的海域，從紅海、印度洋、大西洋乃至南太平洋，

6 華人傳統飲食文化中的四大海味，以鮑、參、翅、肚為代表，分別為鮑螺、海參、魚翅與俗稱「花膠」的魚肚。早期由於保鮮不易，且為方便存放與儲運，因此四者皆為乾貨。其中魚翅由於近年保育與環保意識抬頭，因此已漸少食用。

都可見到相關採集、加工與貿易流通，以香港為樞紐，再擴及至亞洲其他地區。

一般用以收藏或儲運的海參多為脫水乾製，而傳統市場或烹調料理則為方便而直接採用水發製品，常見的料理方式包括悶、溜、燒、燉，在具有大量養殖出產的中國東北，則亦有生鮮品嚐的習慣。

海參看似相貌平平，主要棲息於近海淺水底床上方，多自沉積物中尋覓有機碎屑為食的他們，行動緩慢且看似無害。但不論在養殖或供食用的加工上，甚至是由乾製品復水發製的過程，都需要十足專業的經驗與技術火候。

目前因為養殖技術已建立，因此不乏活海參供應。相較於乾製海參，生鮮海參的宰

殺與料理相對容易，僅須將腹腔打開移除其中不適食用或有大量泥沙與食物殘渣堆積部分即可。而俗稱「參花」的腸道與成熟的生殖腺，滋味卻是更勝海參本體，在日本多視作罕見的昂貴食材。

經石灰脫水後製成乾貨的海參，在料理前必須妥善泡發。藉由頻繁重複的浸泡、換水與溫度變化，可發製出一如鮮活般海參的彈脆質地。不過，發製過程中必須忌避油膿，以免損及質地。而發製後的體型大小、彈性、體壁厚實與否，以及依種類所具有的不同外觀，與表面是否具有軟棘等特徵，都是決定商品價格的重要依據。

海參在加工乾製與儲藏過程中，多會以石灰確保乾燥，並避免腐敗與蟲蝕，所以不免因為添加或處理使用的食鹽或石灰，而呈現明顯的鹹味、鹼味及隨時間累積的陳年氣味。因此如何藉由復水發製過程，重現細緻彈脆的鮮爽口感，同時藉由料理時的風味搭配，賦予那份鮮甜鹹香，考驗料理者的功夫。若不講究，僅將海參隨意切塊或剁碎，不但難以突顯食材特色，還往往流於有就好的敷衍形式。事實上海參的特色主要在於那體壁中大量微細骨片所表現的彈脆，而風味則需仰賴火腿、老母雞乃至蝦籽與焦蔥外加。

在江浙菜與魯菜中，「蝦籽海參」或「紅燒烏參」皆是宴席大菜，考驗著料理者對於食材挑選、發製與調味的功夫火候。而在福州菜的「佛跳牆」，也多有使用這等特殊海味，與

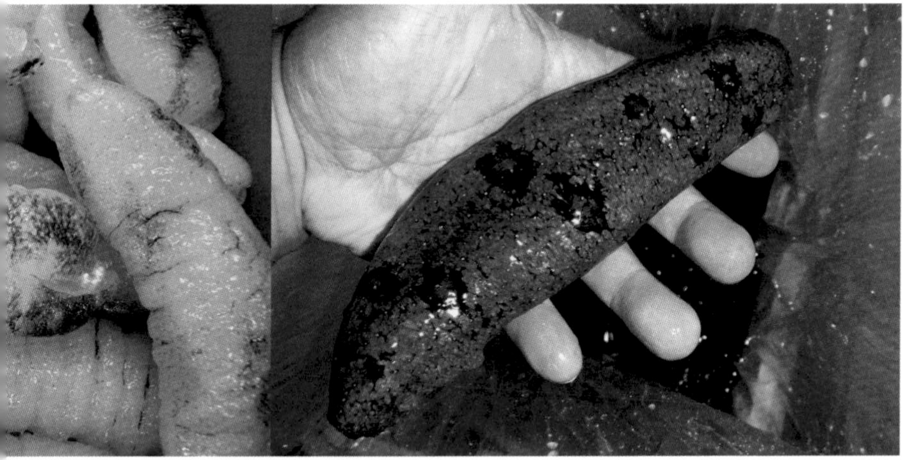

鮑脯[7]與花膠相互輝映，讓檔次立馬增色不少，此外，迷人的滑順與入口咀嚼的鮮爽質地也是特色。

同場加映

海參食用主要以華人市場為主，但隨地區與資源狀況不同，仍存在微妙的差異。例如北方多好約莫十來公分的「刺參」，同時強調一人獨享一頭；而南方則偏好「烏參」，並多以滾刀大塊或條狀為主。

因應華人好食海參，同時還將這等食材寄予補益功效，因此分別有來自紅海、北美或南

7 曬乾後的鮑片，常見於南北貨商號或食材描述使用。

8 依種類不同，多會以外觀、顏色或產地國區分，例如烏參、刺參、紅參或白參等。

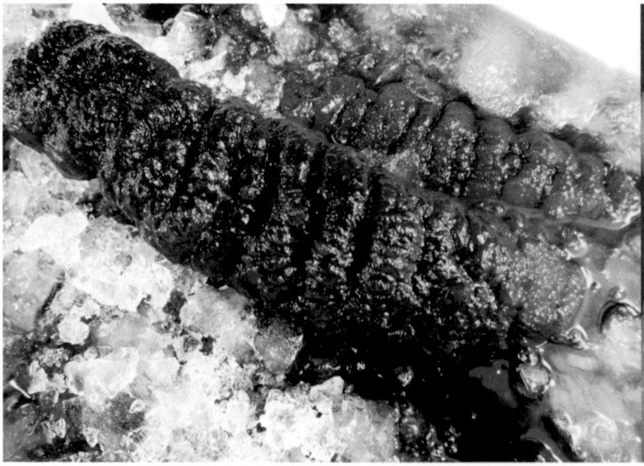

太平洋沿岸的乾製或水發參種，以顏色而賦予諸如白參或紅參等商品名稱。只是若依質地或分量來看，往往與過去多視作標準的刺參與烏參不同。講究的師傅，多將這些稱為「海茄子」，除在風味口感上有異外，商品價格亦難有表現，但在海參資源迅速衰退的今日，也聊勝於無的應用在諸如揚州炒飯、大滷麵或燴三鮮等料理中，滿足一般需求。

快速檢索

學名	*Stichopodidae, Apostichopus spp.*	**分類**	棘皮動物	**棲息環境**	近海／底床
中文名	海參	**屬性**	海生棘皮	**食性**	碎屑食性
其他名稱	英文稱為Sea cucumber；日文漢字為「海鼠」。				
種別特徵	隨種別不同而在外型、顏色、質地、體壁厚度與體表特徵上多具差異，但種別辨識除參考外觀特徵外，體壁內大量分布的細骨也是重要參考依據。活生會自口部伸展如同團絮狀的觸手，藉以自水層或底質中收集有機碎屑為食，遭遇危險時會吐出腸道自衛。				
商品名稱	海參、海黃瓜或海茄子[8]	**作業方式**	徒手捕捉或養殖（中國遼東半島為主）。		
可食部位	肉、腸與生殖腺	**可見區域**	熱帶海參通常價值不高，多以溫帶為主；臺灣則皆為進口。		
品嚐推薦	多為江浙料理、上海菜或俗稱魯菜的山東菜，以及由魯菜衍生發展的平津菜，及因地緣與資源而多有使用的東北菜，海參會以較顯適性、適味與適能的料理表現；例如燒海參、燴海參或燴三鮮等，部分如佛跳牆等料理，亦會使用海參以增添品嚐價值。				
主要料理	悶煮、燒燴、熬燉。	**行家叮嚀**	一分錢一分貨，避免劣品或贗品。		

四腳仔　清熱退火好滋味

直接稱為水雞或田蛙不免過於直接，壞了品嚐的心情，甚至打消了品嚐的意願，所以乾脆稱為四腳仔，反正打理斬剁，而後爆炒、烹炸或煮湯，感受鮮美在先，就不會太在意那食物原形與出處。四腳仔除了肉質鮮美細緻，還清涼降火。

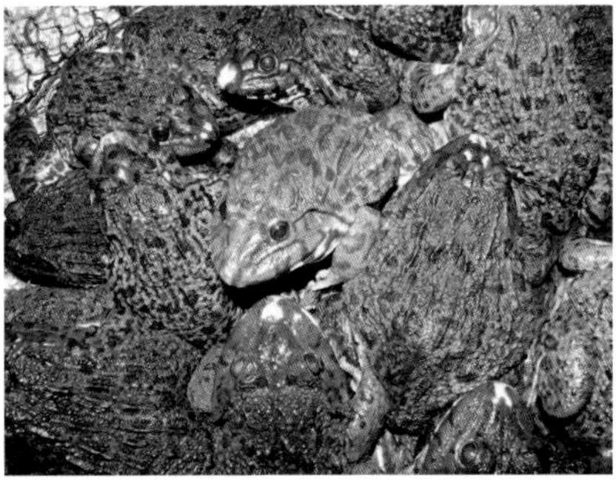

閩南語中的「四腳仔」，為生活中不時出現的兩生類或爬行動物，舉凡壁虎、守宮或石龍子等四足爬行動物。但在市場中與餐桌上，「四腳仔」則多是田雞或牛蛙的稱呼。而在江浙菜中，被稱為「櫻桃」的蛙腿肉，則更是活靈活現的描述了其特徵。

一般人印象中的青蛙，不是那在夏夜稻田或水濱旁奮力鳴叫，只聞聲響而不見身影的不知名種類，不然則是出現於寓言故事中，那被公主一吻後便解開咒語桎梏，而成

為俊美王子的特殊生物。少有知道，這些多以養殖產出的兩生類物種，不但肉質清甜鮮美，打理取下的蛙皮，經過揉製染色，還有高度利用價值。尤其在臺灣經濟尚未活絡發展的早期，是我國主要養殖、加工與貿易出口的特殊品項。

一般所稱的「田雞」，為本地原生的「虎皮蛙」，而「牛蛙」則為自美國引進的大型物種。前者主要品嚐其鮮甜風味與細嫩肉質，而後者則因具分量——特別是一對粗壯的後腿，口感滑潤鮮爽且質地細膩——廣泛以包括酥炸、紅燒、悶燉或三杯等料理呈現。

歐美多有食用牛蛙的風氣，但與亞洲地區不同的是，大都以體型較大的牛蛙或局部部位為主，而且主要食用部位僅限蛙腿，前肢與軀幹皆無利用。因此不論是在市場或餐廳所見，皆為去皮清修後的蛙腿，常見料理方式有烹炸、烘烤或燉煮。

相形之下，亞洲不但食用多種蛙類，同時依據體型、質地與風味特色，還多有煎、煮、炒、炸、悶、溜、熬、燉等多樣表現。本地雖以滋味鮮香的三杯最為常見，但其餘還包括了依據不同菜系創作出別具特色的料理，例如江浙餐館的「椒鹽櫻桃」，便是酥炸後的牛蛙腿。或是分別以避風塘、醬爆或糖醋等調味，展現食材兼具風味、口感與品嚐樂趣的豐富層次。近年則有由中國引入近年的剁椒或泡椒等料理，將以滾水焯過或溫油泡浸的蛙腿，伴隨鮮香辛辣的佐料一同，也多十分爽口開胃。

蛙類食材的打理，隨種類、體型、料理需求與口味偏好不同，而在各地略有差異。一般而言，頭部與掌趾皆不食用，其中歐美多僅取肉量豐潤的後腿料理，而華人則除前述與內臟不食，體型稍小，俗稱為田雞的虎皮蛙會帶皮烹調。

宰殺時多會先以電擊方式迅速致昏或致死，以確保動物福利，並方便後續操作。牛蛙體型較大，所以會在剁除頭部後，將堅韌的蛙皮剝除，並順帶剁去掌趾與除去內臟。為方便餐廳小店使用，及降低完整外觀對視覺的衝擊，市面多販售已經打理完畢，在外型上看來就像三節翅的蛙腿，或是已經斬剁成塊的牛蛙肉塊。而體型

稍小的田雞則因為外皮可食，加上分量有限，所以一般多會保留外皮，並透過酥炸或熬燉，讓口感更顯滑嫩。

牛蛙腿搭配滋味辛辣酸香的醬料或是冰涼的啤酒一同享受，常見於街邊熱炒、海產店或臺菜餐廳中。而最經典同時也是最地道的料理，便是有著濃郁麻油、薑片與醬香芬芳，以燒得滾燙的小鋼鍋或鋁鍋盛裝，並在揭開蓋時拌入氣味清新的一撮九層塔的三杯料理。

除此之外，也有將牛蛙斬剁成塊，烹炸後再撒上椒鹽品嚐，或以彩椒、小黃瓜及胡蘿蔔片佐以甜酸醬汁的糖醋牛蛙；再不然還有港粵風味的豉椒或避風塘牛蛙，或是近年時興的泡椒或剁椒牛蛙。

縱使牛蛙分量大，但國內還是對體型稍小，質地與風味上卻有出色表現的田雞情有獨鍾。一般家庭偶爾會在炎炎夏日，滾煮清甜鮮爽的蒜頭田雞湯。有機會造訪雲林，不妨到廟口品嚐田雞兩味：一是裹粉酥炸後再紅燒的「紅燒青蛙」，另一則是更顯食材原味的「清燉青蛙」。惟兩者皆帶皮料理，但若能跨越心理障礙，便能享受那迷人滋味。

同場加映

國內舉凡喜慶宴客、消費餐飲或日常三餐，皆對水產食材具有高度偏好，除四面環海的豐富出產外，亦不乏分別自全球各國進口河鮮海味，只不過相較中國或東南亞等華人分布與活動的區域，還是顯得單純許多。有機會造訪中國東南沿海，特別是以各類吃食美味匯聚的廣東或福建，往往可以見到諸多在國內罕見的食材。就以臺灣僅有約莫二、三種的兩生類為例，在當地可有著近十種不同體型大小、身形樣貌乃至風味特色的蛙類可供選擇，甚至有蟾蜍、俗稱「娃娃魚」的大鯢[9]等。而常見的料理方式，包括酥炸、椒麻、剁椒、泡椒、紅悶與紅燒等。

9 近年已因通過人工繁殖培育與大量生產，而將繁殖養成的個體經認證許可後可做為商品銷售，並供一般消費利用。

快速檢索

學名	田雞（*Hoplobatrachus rugulosus*） 牛蛙（*Lithobates catesbeianus*）	**分類**	兩生無尾	**棲息環境**	潮濕／淺水
中文名	虎皮蛙、美洲牛蛙	**屬性**	兩生類	**食性**	動物食性
其他名稱	英文稱為Edible frog或Bullfrog。				
種別特徵	牛蛙體型分量較大，體色則為黃綠色至墨綠色；田雞體型較小，身形相對修長且吻端尖銳，體色多為墨綠色，並於背側具有數條稜狀隆起。				
商品名稱	水雞、田雞、四腳仔	**作業方式**	皆為養殖供應。除以活生方式販售外，亦有已經剁去頭部並去皮的整尾或切塊牛蛙販售。		
可食部位	大腿、前肢與部分軀幹。	**可見區域**	臺灣四周；惟雲林一帶有特色料理。		
品嚐推薦	簡單烹調便能品嚐田雞或牛蛙的風味，前者多以煮湯為主，而後者則因具有相對分量而重點為吃肉。常見料理如紅燒田雞或清燉田雞，而牛蛙則多以三杯、剁椒、泡椒或避風塘等講究火候的料理，表現風味特色及品嚐樂趣。				
主要料理	三杯、紅燒、煮湯或酥炸。	**行家叮嚀**	需經高溫並完全煮熟方可食用，同時應避免與活生食材的直接接觸或交叉汙染。		

鱉

不到打雷不鬆口

雖然名稱與樣貌不甚討喜，但懂得箇中風味者，不僅對其柔滑如膏脂般的鱉裙難以抗拒。四季皆宜的補益功效，也多讓人在品嚐時心照不宣、品嚐後精力充沛。

雖然不論是讀音或是俗稱的王八，都不是太好入耳的字詞，然而一到餐桌，那可是美味一道。其實若了解「槓龜」的來源與其完全沾不上邊，同時也懂鱉的美味及補益功效，哪有不試的道理？

英文名稱Softshell turtle清楚說明了這類生物的特徵——軟殼的烏龜。相對於背甲堅硬的龜類而言，「鱉」有著柔軟的質地。可惜的是因為歐美罕有食用風氣，自然錯過了那名稱之中的軟殼，也就是華人甲魚料理中，被視作美味中的美味的「鱉裙」。

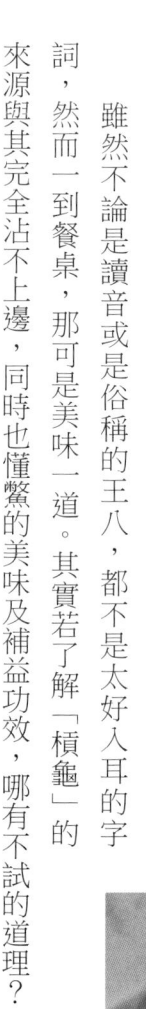

屬於龜鱉目中的「鱉」，也被稱為甲魚、水魚或團魚。早先人們總習慣將水中生物

視作為「魚」並以之稱呼，然就外型特徵而言，不難理解其與龜類在親緣上的相近程度。雖說如此，鱉類的性情卻與多數烏龜大異其趣，他們兇猛但又害羞敏感，動作迅速卻也小心翼翼，同時還多不耐低溫，所以也造成他們在活動上備受限制，養殖亦相對困難。此外，他們靈活可伸長的脖子、向前延伸的鼻端，以及全身光滑細緻的質地，也與龜類多所不同。

在歐美飲食中有關於龜鱉的料理微乎其微，僅歐洲或北美有食用龜類的習慣。在南美的原住民飲食中偶有以燉煮或烘烤，或取之製作罐頭的記錄，但隨資源愈漸匱乏，相關食用狀況迅速式微。

不過在亞洲，鱉不但有蓬勃活絡的養殖培育，同時食用物種與日俱增，以尋求風味與口感上的變化，其中，中國東南沿海最為明顯，例如在廣州市場中便可見到種類多樣的野生或養殖商品。

國內相關種類的食用多顯保守並有限，料理品嚐以特定餐館或季節為主，食用對象也僅限俗稱甲魚的鱉。江浙菜中有「紅燒鱉」或「栗子燒鱉」，傳統臺菜中則有「雞仔豬肚鱉」，都是口味相對大眾化的料理。鱉類的溫潤屬性與滋補功效，讓他們常見於藥燉湯點或藥膳取材，一年四季皆宜。

所有種類的鱉都生性暴戾。在環境中總小心翼翼，但遭遇捕捉後卻奮力掙扎抵抗，除四肢末端的利爪外，靈活且可大範圍擺動的頸部，以及搭配鋒利牙齒奮力噬咬的力道，往往導致明顯傷害。難怪以往大人總告誡小孩不要輕易觸碰，說著「若被鱉咬到多半要等到打雷才會鬆口放開。」雖然實際並非如此，但相對於烹調，鱉的宰殺確實是個技術活，所以多建議請攤商代為操作，若要輕鬆安全則請移駕餐廳品嚐。

鱉的宰殺講究快、狠、準，除可確保操作安全，也可避免不當或無謂的折磨，以及恐影響衛生安全的風險。熟練的攤商多以電擊迅速致昏，或以竹筷吸引其咬住後拉出頸部，直接剁除以確保能迅速死亡，隨後再依序打理外觀並沿殼緣剪開，清理腹中臟器。鱉的可食部位包括背甲、四肢、頸部與尾部，其餘可食部位並不多，但對喜好風味的饕餮，卻已豐富滿足。

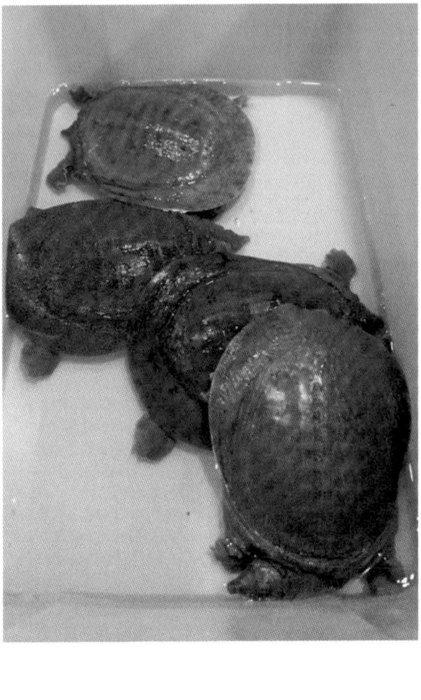

在華人飲食中，鱉是相當特殊卻也重要的食材，一來是因為取得不易且風味特殊，同時還具有圓形的美好意象，因此多以水魚或團魚稱之。二來則是，鱉多有滋補調理功效，因此不論在江浙菜式或本地風味中，不乏表現。與北方魯菜或南方粵菜多擅海鮮相比，江浙菜系在烹調河鮮上較為出色。江浙餐館中的紅燒甲魚或栗子燒鱉，藉由濃郁香醇的醬汁，讓充滿膠質的食材可以更顯軟滑黏膩，風味絲毫不輸入口即化的紅燒肉。

客家菜中以斬剁成塊的土雞與鱉同炒，讓這水陸雙鮮有著愈吃愈夠味的誘人鹹香，成為佐餐良伴。

臺菜則充分掌握了食材在風味以外的屬性精華，並以「適能」、「適性」與「適味」的調理搭配，突顯了鱉的美味。三杯是常見形式，但在傳統菜式中的雞仔豬肚鱉，除有水、陸食材交融的鮮美，豬肚中有雞、雞肚中有鱉，充分展現細膩廚藝。

同場加映

早期在臺北某些特定地點，例如華西街、通化街或松山饒河街夜市附近，多有標榜活生現宰各類山產的野味店，專販蛇類、龜鱉或鱷魚，甚至以當場宰殺吸引消費者，轟動當時，然而隨著野生動物保育與動物福利，近年已再難見到。臺灣民間仍留有早期食用這些野味的迷思，除食用以其肉質煲燉的湯品外，將膽、血、精巢或卵與高濃度的白

酒混合後飲下，多被視作具有清火明目、強身健體等功效。但若以衛生觀點來看，因為這類生物的棲息與蓄養環境，以及物種在體表與環境密切接觸，加上宰殺過程若無妥善清潔，倘若生鮮食用，恐有招致病原細菌與寄生蟲的高度風險，不應冒然為之。

快速檢索

學名	*Pelodiscus sinensis*	分類	爬行龜鱉	棲息環境	淡水／軟泥
中文名	中華鱉	屬性	水生鱉類	食性	動物食性
其他名稱	英文稱為Softshell turtle；日文漢字以鱉、鼈或是甲魚表示。				
種別特徵	具圓形至卵圓形之殼甲，殼面無鱗片，殼甲後方兩側具相對厚質柔軟皮膚；四足末端有爪，趾尖有蹼。具長頸，可明顯伸縮與靈活擺動，鼻端略成管狀且延長。背部、頸部與四肢皆為淺棕至灰綠，腹面則為鵝黃至乳白，或於腹面具有黑斑。				
商品名稱	水魚、甲魚或團魚	作業方式	一般多為養殖供應，也有自野外誘捕及釣獲；多因環境而出現於養殖魚塭周邊。		
可食部位	鱉裙、四肢與頸部；鱉卵。	可見區域	臺灣四周，尤以溫暖南部為主。		
品嚐推薦	各地不乏專售各類甲魚料理的小店或餐廳，或因取材與烹調特殊，而須提前告知或預定；目前亦有充分宰殺且密封冷凍的生鮮或調理包，方便居家食用與簡單加熱品嚐。				
主要料理	三杯、藥燉、紅燒或快炒。	行家叮嚀	留意宰殺安全與避免生鮮品嚐。		

鮝

愈大愈夠味

如果難以確認發音，依其外形、質地或製法稱為魚干就對了，倘若可辨識種類，則可冠上黃魚鮝或鰻鮝等名稱。單吃死鹹，但若配上肥嫩的五花肉燉煮，不但鹹鮮夠味，海陸搭配下的濃郁芬芳，光用湯汁拌飯、拌麵便已是美味。

鮝ㄒㄧㄤˇ，是一經過鹽分、風乾與日曬，加諸時間積累所逐漸成形的迷人滋味。平時多切塊分裝後冷凍保存，在燉滷五花肉時會取出作為調味提鮮使用。在海魚盛產的冬季，常會見到一條條以竹片撐起的魚體，在冬陽與乾燥冷風中，持續聚縮風味，並讓那股鹹香更顯濃郁迷人。

直達眼後的口裂[10]，加上一如血盆大口般並分別於上下顎還具有密集的銳利牙齒，想

必並非好惹善類，確實，這種個性兇殘粗暴，同時身形還具一定分量的海鰻，往往就連擁有多年捕捉經驗的漁人，也都要敬畏三分。否則別說被其咬傷，就連不慎觸碰到它的利齒，都不免落個皮開肉綻甚至血流如注的窘況——美味背後，可得承擔不小風險。

又被稱為「虎鰻」的灰海鰻，棲息於沿近岸砂泥底，是個性貪婪且攻擊力旺盛的掠食者，特別是寬闊口裂與滿口利齒，往往可以輕易將魚蝦蟹貝擒獲，也因此不論就肉質或油分總是豐潤鮮美。另外加上海鰻對環境多

10 魚類的口部有上唇和下唇，當閉合時，僅呈一條橫縫，即為口裂。

有良好適應能力，即便是離水數小時後依舊生猛活跳。而其潔白緊實的肉質、豐富的膠質與油脂分布，加上可經加工製作為花膠替代品的魚鰾，也都被廣泛利用。

海鰻在日本多以生鮮方式食用，且為夏季的時令料理，常見於高檔料亭、宴席或懷石料理之中。主要取海鰻體例的清肉施以骨切，以避免其中細刺哽喉礙口，隨後以高湯汆燙使其緊縮，呈現如萬壽菊般的綻放後，冰鎮並蘸以梅醬品嚐。

而在中國東南沿海與臺灣，海鰻是福州料理中「紅糟鰻[11]」的常見取材，或用作各項藥膳料理。部分體型較小的海鰻，則會酥炸調味作成「紅燒鰻」即食罐頭。

「鰻鯗」則是將海鰻剖開攤平，分別以鹽漬、風乾與日曬所製成的乾製品，除方便保存運輸外，風味口感也愈顯層次，多為江浙菜或上海菜中用作燉滷或紅燒之取材，滋味鹹鮮濃郁，並且含有豐富膠質，近年亦不乏被當為鹹魚，廣泛使用。

為避免鮮活海鰻的奮力掙扎與不慎為其利齒所傷，所以活生漁獲多會直接將頸部砍斷，除可人道處理迅速致死外，同時亦達到放血之目的，可讓鮮度品質更獲確保。其次則是將不具食用價值的吻端前緣剁除，而魚頭則多留做藥燉或藥膳料理之用，呼應臺語俗諺中「見頭三分補」。

製作鰻鯗多會盡可能的保留全魚，然後依據製作者的習慣，再分別採取背開或腹開。而沿中線剖開的魚體，則會以竹片撐開攤半，以利鹽分均勻塗抹，以及後續日光與乾燥冷風的充分吹拂，讓質地可以有一致的變化。由於鹽分與風力持續吹拂所造成的脫水，讓肉質緊縮，同時原本潔白的肉質，也會逐漸泛黃，並且在表面漸漸滲出油脂，而使質地愈顯光澤。皮面的部分，則會如活生般具有灰白色澤，只是不免因為乾燥而稍顯緊縮並具有皺褶。傳統市場或南北貨商行除有整尾販售外，亦多有切塊，依據喜好與需求，悉聽尊便選購。

海鰻的料理，在臺灣還算普及，從各地夜市小攤多有販售的紅糟鰻或鰻羹，到老店

11 近年依約成俗的稱呼多以「紅燒鰻」表示，但實際形制則為將以紅糟醃漬過的鰻片經高溫烹炸後，再放入滋味酸香的羹湯中短暫浸煮，可為點心，亦是道湯菜。

販售的藥燉鰻等，甚至是許多人從小到大分外熟悉的紅燒鰻罐頭，皆是取材體型大小不一的近似種類所製成。而在日本，料亭與懷石料理中那口感細緻且風味清爽的「狼牙鱔」，其實正是取材自夏季當令的海鰻（日文漢字為「鱧」，音為HaMo）。

傳統中菜中，特別是江浙料理或風味獨樹一幟的上海菜，常捨鮮魚而以經鹽分醃漬與風乾日曬的「鰻鯗」作為料理取材。特別是將切塊的魚肉與肥嫩的五花肉一同紅燒，以魚肉的鮮鹹，搭配豬肉的肥膩，兩者交融產生海陸雙鮮的絕美演繹。只是風味並未隨著盛盤上桌而就此打住，隨後反覆的炊蒸復熱，更能將肉質與皮層中

的膠質帶出，讓滋味更顯誘人。

近年來以港粵或潮汕料理主打的風味菜式，也多有取材鹹魚烹製的炒飯與煲菜。前者多以兩至三種拆碎的鹹魚熱油煎煸爆香後，再與雞肉丁及生菜放入冷飯同炒；後者則搭配芋塊或茄條同燒，滋味鮮美無比。

同場加映

一般稱為鰻魚的種類，除有日式鰻魚飯中使用的河鰻或日本鰻（*Anguilla japonica*）外，還包括在國內於近年多有推廣養殖的鱸鰻（*A. marmorata*），以及臺語俗稱為薯鰻或錢鰻的裸胸鯙（*Gymnothorax* spp.）等。這些種類雖然都具有光澤滑溜的外表與觸感，同時身形延長如蛇一般，行動異常靈活，但不論就料理形式與風味口感上皆有明顯差異。而南北貨商行中的鹹魚，也不僅只於取材海鰻一種製成，還包括以刀魚製成的「曹白」、以草魚製成的「醃川」，或是分別以嘉鱲、黃魚及龍占所製成的魚干等，雖然切塊後外形近似，然而在對應的料理及其風味特色，仍各具風格；特別是在諸如清蒸、烘烤、紅燒或是悶燉等料理中，往往有其不可取代的位置角色。

快速檢索

學名	*Muraenesox* spp.	**分類**	硬骨魚類	**棲息環境**	淺海／底棲
中文名	灰海鰻與百吉海鰻	**屬性**	海生魚類	**食性**	動物食性
其他名稱	英文稱為Conger pike或Daggertooth pike conger；日文漢字為「鱧」或「狼牙鱔」。				
種別特徵	經常做為鰻干取材之海鰻包括有灰海鰻與百吉海鰻，兩者形態近似，除吻端尖銳且口裂明顯外，口內銳齒也是主要特徵。體型粗壯，體色灰白，但腹側顏色稍淺，具有延長的背鰭與臀鰭。個性凶猛，處理活生漁獲時需格外留意。				
商品名稱	海鰻、虎鰻	**作業方式**	多為陷阱籠具、拖網或延繩釣獲。		
可食部位	魚肉、魚卵與魚鰾，另可製干或作為罐頭加工取材。	**可見區域**	印度至西太平洋皆有，臺灣以西部沿海捕獲量較大。		
品嚐推薦	冬季除有體型稍大的魚體捕獲，依其鮮度狀態可供鮮食外，部分多數作為製作鰻鮝的材料。具有傳統風味的料理多見於上海菜或江浙菜中，惟「濃油赤醬」的風味已慢慢失傳。				
主要料理	鮮食、烹炸、燉滷與燒燴。	**行家叮嚀**	體型大者具豐厚肉質與膠質，尤其肚子部位風味最佳。		

魚皮

堅韌化作繞指柔

以往魚皮多來自鯊魚或魟魚，乾製便於久存，在料理前方行復水泡發，廣泛見於閩粵與臺式料理中，舉凡搭配三餐的白菜滷，到喜慶宴客的佛跳牆，總可見到魚皮。如今魚皮取材更加廣泛，擴及養殖的吳郭魚、鮭魚、刺河豚，讓人眼界與食慾都大開。

此篇所稱的魚皮，並非一般小吃料理裡的虱目魚皮或鮭魚皮，而是指取材自鮫、魟或鱝等軟骨魚類，經去沙、修整、乾製與泡發後再行料理的特殊食材。

或許因為取材自軟骨魚類，加上多已經去沙、切割與乾製後，所以一般市售的魚皮，多半約莫一至二公分寬，長度則多介於數公分至十數公分，同時質地堅韌硬實，觸

感一如厚質的硬塑膠般。而鄰近漁獲產地、拍賣卸運或屠宰分切市場，則偶可見到自全魚取下的皮層，正因為少有切割修飾，所以除可見到相對完整的整件魚皮，同時還多有接近原貌的厚度與顏色。不論乾製或鮮品，這些魚皮多取自具一定體型的鯊魚、魟魚或鱝等軟骨魚種。質地、厚度與品嚐價值，雖與種類與體型相關，但隨魚體宰殺與分切程序，多會先割下具有相對加工利用與附加價值的魚鰭，也因此即便整件的新鮮魚皮，也會在特定部位留下因割鰭而造成的空洞或缺口。乾製後的魚皮可長時間保存，有效避免質變與腐敗，後續藉由溫水或熱油泡發，便能再次呈現彈牙爽脆的口感。

南太平洋國家少有食用鯊魚的習慣，甚至會將保護與保育鯊魚視為維護與確保海洋生態的起點及開端，因此對特定種類、體型或海域多有嚴格保護，或是完全禁止相關漁獲的交易與加工。歐美市場雖有食用鯊魚的習慣，但多僅限於去皮與剔除骨刺後的淨肉，而這些分切為魚片或魚塊的商品，多經醃漬、裹粉或裹漿後乾煎、烘烤與烹炸，再以風味鮮明的香料或蘸醬，來壓制軟骨魚中特有的氣味。

華人食用鯊魚則為全魚利用。雖然因為保育與飲食安全等緣故，目前已少有食用魚翅，然而從皮、軟骨、肉質乃至魚肝，仍多為食用、食品加工乃至健康與保健食品的主要取材。魚肝多提煉魚肝油；而魚肉則分別供作快炒、燻製為鯊魚煙、經擂漬塑形再經

炊蒸或烹炸後製成各類魚漿製品；至於魚皮，則以其充滿膠質且軟滑口感絲毫不輸魚翅的質地，而廣泛應用於燴菜、湯點與燉品之中。

在臺灣的南方澳、臺東新港與屏東東港，都可見到種類不一的鯊魚或魟魚，在清晨至中午營業的市場中，依序經由漁船卸貨、秤重拍賣並宰殺分切，然後成為不同加工利用所需求的特定部位與形式。

鯊魚會先打開腹部，取出具利用價值的魚肝，以及可用於燻製鯊魚煙取材的胃袋、生殖巢或形式與口感皆十分特殊的魚卵[12]後，其餘內臟則多做為經濟價值不高的下腳料。

除中小型的種類會全魚或分段輪切販售外，大型鯊魚或魟魚多會自剁除頭部或打開腹部的切口處，進行魚皮的剝除。而剝下的魚皮無法直接食用，而是需經過滾水澆淋或汆燙後刷除表面鱗片，俗稱「去沙」的處理，隨後方可作為烹調料理，或經剪裁後日曬風乾，形成脫水後的乾製品以利存放與運輸，並於烹調料理前再行以熱水或搭配油爆進

12 隨不同種類而分別有卵生、胎生與卵胎生等形式。鯊魚魚卵並非是主要或特定品嚐對象，而是撈捕作業之副產物。不過還是建議最好能由生產端、消費端與公部門合作建立撈捕配額與時間限制，以確保相關資源永續利用。

行多次發製。

品嚐現場

魚皮總是不經意的出現在料理中，然後給人一種難以參透的微妙口感。在以生態保育或健康飲食等考量下而鮮少食用魚翅的今日，魚皮也成為在對鯊魚資源進行全魚利用時，在質地、樣貌與口感上替代魚翅的料理取材，特別是在鄰近魚鰭基部，或來自並非魚翅主要取材的背鰭、胸鰭與尾鰭等部位，具有些許鰭條或軟骨的部位，這俗稱為「翅仔頭」的特定取材，自然成為餐廳料理或吃主品嚐的重點。尤其在於其口感鮮明、分量十足，且單價不貴，因此簡單的燴炒、紅燒或悶燉，便可展現膠質的黏膩滑潤。

其實不論在一般小吃或家庭餐桌上，魚皮也多是經濟實惠的海鮮取材。例如蘸以五味醬或芥末油膏品嚐的黑白切、以潮汕風味著稱的沙茶火鍋，或者白菜滷、宜蘭當地特色且用料豐富的西魯肉，及名為紅燒魚翅羹或海景佛跳牆的湯菜與燉品中，也多仰賴滿是膠質的魚皮，形塑軟滑柔嫩的彈牙口感。而部分如紅燒烏參、燴三鮮或廣東炒麵等菜式或主餐中，也可見到發至鮮爽同時入口彈脆的魚皮身影。

同場加映

日常餐飲中，取材自各類魚皮或有加工製作的食材，早已廣泛融入小吃料理之中，特別是那柔滑鮮香的風味，以及多顯平實的價格，往往讓人甚是滿意並多所稱讚。例如口味香辣的涼拌魚皮，多來自吳郭魚、鮭魚甚至是俗稱為刺龜的河豚皮所製作。而虱目魚皮，更從原本片取無刺虱目魚肚的剩餘部位或附屬取材，因為別具口感，加上分別經汆燙、滾煮、乾煎或烹炸後，成為滋香味美的在地特色，尤其是搭配魚肉、魚肚或魚丸，烹製成飯湯、米粉或湯點，不但甘醇芳香同時味美管飽[13]。而細心的店家還會將魚皮與魚漿組合成為魚羹，讓鮮上加鮮，滋味更顯非凡。

13 編按：「管飽」二字為作者使用中國用語，為包管能夠吃得肚子又飽又滿足之意。

快速檢索

成分	軟骨魚類經去沙後的皮層	**分類**	加工製品	**葷素屬性**	葷食
取材來源	鮫、魟或鱝	**加工類別**	鮮品或乾製	**販售保存**	乾燥／常溫
商品名稱	英文稱為Shark's skin				
商品特徵	乾燥者質地堅韌硬實，多為長條狀或因脫水而略有扭曲，顏色由黑灰、深褐至灰白皆有，料理前須先以熱水重複浸泡換水後充分泡發，方能進行後續料理。漁獲卸販或分切市場亦有販售新鮮魚皮，但須經熱水澆淋汆燙並刷除魚鱗後，分切為適當大小後再行烹調利用。				
商品名稱	魚皮、鯊魚皮	**烹調形式**	汆燙後蘸醬、快炒、燒燴或燉煮。		
可食部位	全數可食	**可見區域**	主要以生產的周圍相對常見，例如基隆、宜蘭、花東與高屏一帶。		
品嚐推薦	經熱水汆燙後便可以不同風味的蘸醬直接品嚐，或可加入燴菜、湯點與火鍋中；而在紅燒烏參或佛跳牆等大菜中，也可增加分量、提升口感與品嚐樂趣。				
推薦料理	汆燙享受彈牙口感，適當烹煮則顯柔滑潤澤與濃郁醇厚。	**行家叮嚀**	長時間熬煮多半會讓明膠成分融化於湯之中，而使形體與分量明顯萎縮。		

花膠

腹中白金

若僅聽聞花膠，不免會將之與口語讀音相同的花椒相混淆，實則是天差地別的兩種食材。前者取自特定魚種的腹中，並經過乾製、泡發及爐火純青的技術及調味加持；而後者則多用做調味，特別是其清香下的劇烈麻口。

花膠一詞僅限於食材或餐飲市場。隨消費市場偏好及時空條件消長變化。如今提起花膠，或是向來為華人視作珍貴海味的「鮑參翅肚」，許多人已感陌生，且熟悉程度遠遠不及目前大量進口穩定供應的鮭魚、鱈魚等進口水產。

花膠即是華人四大海產珍味「鮑參翅肚」中的「肚」。但其實此「肚」所指稱並非腹部或肚膛部位，也非胃袋及嗉囊胃，而是取自諸如鰵魚、黃唇魚或鮸魚等大型石首魚腹中的泳鰾或氣鰾。然而受限於海洋環境丕變與過漁導致的資源迅速衰退，如今南北貨

商號販售或餐廳中所使用的花膠，亦有取材自諸如鱸魚或海鰻等魚種。

新鮮的魚鰾形態隨魚種不同而異，但外表質地多為略帶透明的銀白色，同時多數呈現狹長的袋狀。乾製後則因水分盡脫，乾扁堅硬，一如厚實的塑膠板，因此在料理前多需充分泡發。

花膠取材不易、價格昂貴，但卻因為口感特殊，且質佳者甚稀難求，所以僅出現在特定節日或喜慶婚宴的宴席大菜之中。花膠因其質地與本地常用的「蹦皮」十分類似，所以也常有「蹦皮假魚肚」的替代利用。

在全球飲食市場中，似乎僅有華人食用花膠，也因此全世界所有可以製作花膠的種類、材料及其商品，皆透過以香港為中心進行貿易流通。花膠除做為湯菜或燉品的食材外，由於其逐年高漲的價格，也不乏藏家爭相競價收藏。國內雖在一九四九年因大舉自中國大陸遷撤，八大菜系在臺灣落地生根，讓鮑參翅肚曾經成為高檔海味的代表，不過多年發展下來，受到漳泉閩客、和漢與原民料理風味及在地資源的影響，如今反倒已少人特意品嚐之。

在中國被炒作至一條數千萬的黃唇魚，或是在港澳一帶動輒一公斤數十至百餘萬的

鱸魚桶膠
產地：印度　15,800元/斤

18800
18800
28800

花膠干品，並非尋常飲食中可以觸及。但若有機會處理或品嚐在分類親緣上多有接近的大小黃魚、俗稱黑喉的日本銀身鰔，或是多以養殖或進口供應的鮸魚，不難在腹中見到一只長度約莫魚身一半的魚鰾，而那外形狹長且兩頭略顯尖銳的銀白色氣囊，便是等同花膠取材的部位。不過，受限於魚體分量，所以上述這些魚在質地、厚度上會不如大型石首魚的表現。其中的原因在於：充滿空氣的魚鰾，主要功能多是調節魚體在水層中的沉浮，並對特定種類還具有輔助呼吸等功能；但對於石首科的魚種而言，則另有藉由腹腔與鰾之間一對質地細膩的振鰾肌，用以發聲而作為種內與種間發聲溝通之用。

專擅鮑參翅肚料理的餐廳，會將四大珍味巧妙的以紅燒、悶燉或是熬煮等方式組合搭配。藉由溫度間的明顯差別與交互搭配，在漫長時間的細心對待下，方能呈現更勝鮮品的質地。特別是在風味上並無出色表現的花膠，重點多在泡發後的厚度、彈性與烹煮完成後的黏膩卻仍顯鮮爽的豐富膠質，至於風味，則多會在後續的烹煮中，讓老母雞、火腿與干貝等海陸鮮味，細燉慢煨的滲透。

源自福州菜的佛跳牆中，部分確實使用身價不菲的花膠，使用時請留意發泡狀態、煨燉溫度與置入食材的先後位置與順序，以免高溫久燉讓質地消融，最後只得油光水滑的美味高湯一盅。

同場加映

多以花膠稱之的魚鰾，並不鼓勵過度食用。在雲林一帶，有標榜「假魚肚」的當地吃食，大剌剌招攬顧客，那碗中肥厚軟嫩的假魚肚，其實就是臺菜中多有使用的「蹦皮」——在熬煮過程中吸飽鹹鮮湯汁的炸豬皮，倒也不失為聊勝於無，同時兼具資源保育的美味料理。

快速檢索

成分	蛋白質與膠質	**分類**	特定部位	**葷素屬性**	葷食
取材來源	石首魚、海鰻或鱸魚的鰾	**加工類別**	乾製	**販售保存**	乾製／常溫
商品名稱	英文稱為Fish maw。				
商品特徵	依據種類不同，而在外型、長寬比例、厚度與商品價格上多有差異。為方便儲運與久藏，因此多以脫水乾製保存，僅在烹調料理前以反復的蒸燉與煨浸來復水泡發。因為食材本身不具鮮味，所以得以老母雞、干貝及火腿等材料熬煮、燒燴入味。				
商品名稱	魚肚、花膠	**烹調形式**	泡發後紅燒、煨燉或熬煮。		
可食部位	全數可食	**可見區域**	港粵及潮汕一帶多有相對常見的取材料理，其中又以粵菜專擅。		
品嚐推薦	港粵餐廳或潮汕酒樓多有供應，然特別指定材料或分量之菜式，則需提前數天至數週告知並預定。而國內多在白菜滷或假魚肚中添加的食材，則是以其外型與口感相似而仿效添加的蹦皮，係來自乾燥後酥炸並泡發的豬皮。				
推薦料理	紅燒、煨燉或佛跳牆	**行家叮嚀**	價格昂貴且必須留意其取材來源是否合法合理，所以建議知曉就好或淺嘗輒止。		

小吃

宵夜或別具地方特色的風味吃食

塘虱魚　滋補大全配

體色暗沉，料理時也多以整鍋滿碗黝黑顏色呈現，讓人難輕易接受；不過在秋冬時節，循著當歸、桂皮與熟地的氣味，多能在那藥燉土虱的小攤中發現他！相較以類似風味烹製的藥燉排骨，土虱不但滋補強身，更是兼具美味與樂趣；除有頭、身與尾可隨選品嚐，幸運的話，還偶有魚卵可以盡享風味！

罕見於一般市場或家庭餐桌上的魚類，加上多以一鍋顏色深濃並帶有醇厚藥材氣味的湯汁燉煮，所以總為他蒙上一層神祕面紗；有趣的是，只要秋風一起，手腳冰涼之際，自然便會想起這風味，並自動前往品嚐。

在臺灣的塘虱魚約莫有四、五種，包括伴隨其他淡水魚類引入的小型種，因為存在環境已久，所以被稱為本土種或本地種，而後自東南亞引進別具身形較大的種類，則成為一般食用與販售的主要對象。此外，還包括了原先以觀賞水族飼養為目的輸入的兩、三種及色彩變異品系。

很多人會將俗稱為「土虱」或「土殺」的塘虱魚，與具有類似型態與棲性的「鯰魚」相混淆，然而兩者不但頭部型態差異明顯，尾部樣貌與比例也多所不同。例如塘虱魚多半具有寬扁的頭部與吻端，同時尾鰭相對大而明顯，並具有基底甚長的寬闊背鰭。在英文中，塘虱魚被稱為walking catfish，主要原因是個體可利用輔助呼吸的器官，自空氣中直接獲取氧氣，因此只要環境涼爽潮

溼，離水大半天也不會死亡。而他們經常利用濕涼夜間，藉著黑暗掩護，以左右擺動身體的方式前往另一個水域，因而得此有趣名稱。

鮭、鱒、鱸、鯉與鯰，向來是歐美地區常見飲食種類組成，不過其中的鯰多隨地區與國家不同，而在種類組成上稍有差異。取材上皆以除骨、剔刺並去皮後的清肉為主，烹調與食用上，則包括烹炸、油煎與烘烤等方式，而俗稱為土虱的塘虱魚或鬍子鯰，則僅在亞洲地區被食用。

亞洲食用塘虱魚，各國飲食風氣與口味偏好皆有不同，例如在中國多以煮湯或紅燒，在泰國則多以烘烤為主。特別在泰國的夜市中，可以見到供應整尾的炭烤土虱，以長竹籤串起後刷上醬汁並烤得焦香，正如其他的吳郭魚與攀鱸一般，可直接入口品嚐。

而在國內，塘虱魚罕見於一般市場，並非家庭料理，多以夜市小攤的藥燉料理呈現。在販售藥燉排骨的攤位，多可見到同時供應藥燉土虱，同時還可依據顧客喜好，指定，區分為頭、身與尾等不同部位，在稍有涼意的入秋後至整個冬天，還多會加上黑豆

酒或枸杞酒一同品嚐。

在大市場或水產批發市場中銷售的塘虱魚皆為活魚形式，即便是多尾一同裝在無水的簍筐中，還是能存活相當長的一段時間。他們具有相當堅韌的生命力，因此宰殺並不容易。頭部堅硬異常，即便重擊數次也似乎多毫髮無傷，活力依然旺盛。因此一般宰殺方式，多半是將魚體直接放入水盆中，然後在操作者具有良好絕緣保護下，以通電方式將個體電暈或直接電死以利後續操作。想必也因如此，所以一般家庭罕有食用。若偶然興起想要在秋冬補益，也多會提前吩咐魚攤進貨，購買後由攤商代為宰殺。由於生活環境與食用對象廣泛，所以塘虱魚的腹內皆不供作食用。而即便是充分宰殺與清理後的魚體，還能略有跳動反應達數小時之久，除可見其強韌的生命力外，這也是讓多數人認定其具有特殊滋補功效的主要原因。

塘虱魚的特殊形態，以及罕見於傳統市場的緣故，想要一嚐風味，多以夜市或傳統市場周邊的小攤或小店為主。在國內，塘虱魚的料理多僅一味，便是以藥材燉煮。而汆燙過的分切魚體，會先擺放在簍筐中，以避免久煮慢燉讓質地過於鬆散，店家則會依據銷售狀況，決定下鍋燉煮的時間。

一鍋黝黑的湯汁，主要是杜仲與熟地，而甜辣芬芳中帶有的回甘，則分別來自黃耆、當歸與桂皮。藥燉土虱多區分為頭、切成塊的身體以及魚尾三類，點餐時店家多會稍加詢問，或是偶爾有難得的魚卵，店家也會提醒是否加蛋。一碗滾燙芬芳的湯汁中，有大分量的魚塊，端上桌前還會放上幾片九層塔葉子，桌上則有一瓶泡著當歸的米酒供添加，如果覺得還不過癮，則店家另有提供以小鋁壺盛裝的枸杞酒或黑豆酒，溫熱後一同品嚐，滋味好到不行。

同場加映

相對於塘虱魚，具有類似外型的鯰魚其實有更多樣的料理與品嚐，特別是在中國，舉凡紅燒鯰魚、清燉鯰魚等。而塘虱魚則多因自東南亞引入養殖與食用，時間較短的狀況下，發展自然受到侷限。同屬於鯰魚的巴沙魚，實則為大量養殖的鯰鯰（*Pangasius* spp.），是近十年來東南亞主力培養的淡水魚種，其快速成長、豐富肉質及以白肉為主的組成，加上多以清肉的方式銷售，讓其料理能快速簡便且無骨刺哽喉風險，因此獲得包括自助餐、團膳或營養午餐的廣泛使用。（商人以類似商品外型慣以多利魚（Dory）的稱呼，但實則與海水魚中的魴魚（John Dory）天差地別，不論在口感、風味與價格上皆明顯不同。）

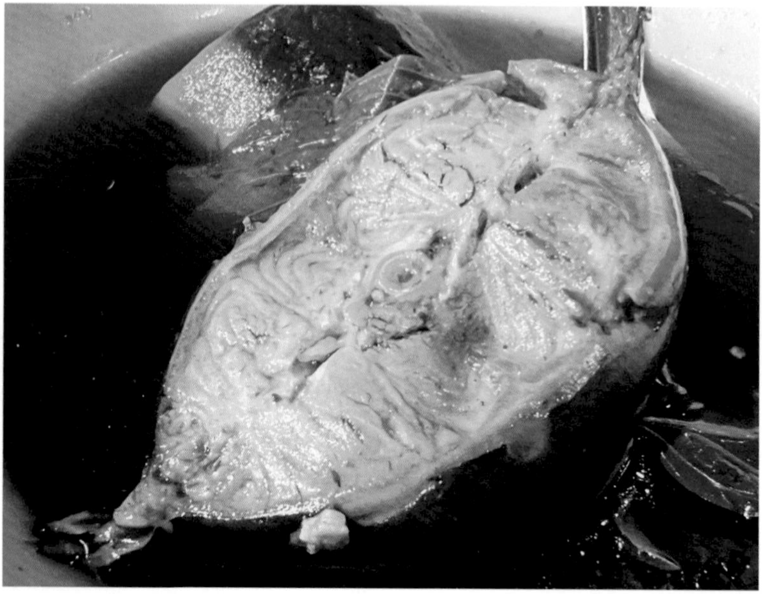

快速檢索

學名	*Clarias* spp.	**分類**	硬骨魚類	**棲息環境**	池沼／農田
中文名	鬍鯰；鬍子鯰	**屬性**	淡水魚類	**食性**	動物食性
其他名稱	英文多以 Walking catfish, Punta 或 Chinese catfish 表示。				
種別特徵	頭部低扁且寬闊，具有相當堅硬的骨骼，體延長，體表無鱗但具有豐富黏液。眼睛位於兩側，吻端具有四對鬚，口部呈橫向開裂。夜行性，多在晚間覓食與活動，具良好嗅覺，多以魚蝦、軟體動物或生物碎片為食。				
商品名稱	土虱、土殺或塘虱魚	**作業方式**	偶有誘釣或以陷阱捕獲的野生個體，但多為養殖供應。		
可食部位	魚肉、魚頭與卵	**可見區域**	臺灣內陸水域		
品嚐推薦	多以藥燉形式販售，廣泛見於夜市或傳統街市的小攤與店家，惟因取材與風味特殊，故多集中於秋冬季節販賣及品嚐。				
主要料理	藥燉	**行家叮嚀**	偏好風味並享受樂趣者選擇魚頭品嚐。		

刺河豚　愈麻煩愈美味

釣客總是因其偷盜餌料與驅趕魚隻而對他感到厭煩，但對專擅烹調料理的店家，或是偏好嘗鮮的吃主，河豚卻是可以一魚多吃的特色食材。魚皮涼拌、魚肉三杯或煮湯，魚肝則清蒸後拌飯；而那每尾一只同時分量有限的氣鰾，更是鮮爽脆彈有趣的享受。

河豚（又寫「河魨」）給人的印象，若不是充滿劇毒，便是從宰殺到料理都需專業技巧與相關認證，同時要價不菲的特色料理。在全球，河豚的美味，總被文人雅士或老饕食客口耳相傳，但真正品嚐者卻相對有限。

受刺激而吸氣鼓脹的河豚，實在讓人難以聯想到任何的食用價值，特別是那滿布全

身同時堅硬銳利的棘刺，別說食用，光要下手打理便倍感棘手困難，更何況對於河豚的美味雖多有傳頌，然其所具有的劇烈毒性，卻不免讓人退避三舍，因而打消念頭。

其實河豚的毒素多來自食物鏈的累積，同時在特定種類舉凡肝臟、卵巢乃至血液中皆有劇烈毒性。然而在臺灣多有食用的刺河豚，則是不具毒性的種類。其布滿全身上下的棘刺，以及受驚嚇時鼓脹的古怪外觀與行為，則是用以驅敵防禦的獨門絕技。

若忽略那古怪的行為，有著一對大眼且泳姿逗趣的刺河豚其實相當可愛。只是刺河豚好奇心重且貪嘴好吃，不但會偷餌、驅趕其他魚種，利齒還會咬斷浮標與魚鉤，所以讓經常在岸邊垂釣的人們十分頭疼，甚是厭煩。

國外幾乎沒有刺河豚食用習慣，反倒是經常出現在觀賞水族市場，成為飼養或展示對象。臺灣周圍多有捕獲，且頻頻出現在拖網、刺網或陷阱漁具之中，因此讓漁家與餐廳共同聯手，想出了利用不同部位烹製特色美味的招式，讓這往昔讓漁民嫌惡的攪局魚種，成為在基隆、宜花以及澎湖一帶的特色食材。而其料理，隨取材部位不同而有所差異。總的看來，只要鮮度無虞，單以刺河豚一項，便可烹製包括前菜、主菜、熱炒與湯點等可供二至四人品嚐的風味料理。在席間，除可吃到取材河豚皮所製作的涼拌菜；河豚的肝與魚肉，被製成清蒸、燒燴、酥炸或三杯等料理；緊實富於彈性的肉質，則用於烹煮火鍋或河豚米粉，亦可滾煮成薑絲清湯或味噌湯享用。

澎湖周圍海域多有刺河豚，特別是伴隨活絡頻繁的漁撈作業，總不免撈捕到為數頗豐的刺河豚，加上近年特色在地與私房料理興起，也讓餐廳店家多勇敢嘗試。而在此風氣之下，澎湖出產的刺河豚不但供應當地市場需求，也多有在港邊宰殺，同時低溫保鮮然後空運至臺灣，以供尋鮮探奇的饕餮品嚐。

魚販會以刷洗衣物的塑膠刷按住全身布滿棘刺的河豚，然後以熟練迅速的刀法將皮層剝下，隨後剁去不具食用價值的吻端，再打開腹部取出肝臟。一尾刺河豚的價值由高至低，依序為肝臟、魚皮與魚肉。其中肝臟必須掌握肥滿質地與絕佳鮮度；而魚皮則經

汆燙後拔除其間呈現T字般的棘刺；魚肉則多斬剁成塊後包裝，以方便後續使用。

在澎湖、基隆或宜花東，多可品嘗到俗稱「刺龜」或「刺規」的「六斑刺河魨」所烹製的特色料理。然而因取材自魚皮、魚肝等不同部位，因此一道菜或一餐之中，多使用不只一尾的河豚，有不同的質地口感。

前菜多是將魚皮汆燙後拔刺，再以冰鎮呈現鮮爽彈性口感，拌上滋味鮮香的酸醋、香油、蒜瓣與香菜末後，更顯芬芳可口。隨後上桌的則多是以魚肉製作的椒鹽魚塊、三杯魚塊或是河豚米粉。酥炸後的魚肉一如雞肉般的緊實濕潤，而裹上分別由醬油、麻油與蒜瓣及老薑爆香，同時多顯甜口的濃稠醬汁，特別是那起鍋時拌入的一把九層塔，立

馬讓風味提升。後續端上的河豚米粉，除有河豚肉塊外，還多有包括鎖管、蟹鉗肉、蝦米或蝦仁以及多種魚漿製品陪襯，不僅風味鮮美，而且胃暖飽足。

不過刺河豚最令人垂涎的，仍屬腹中那肥嫩豐滿的一副魚肝。料理方式可先經蒸煮定型，放涼後切片，蘸以調入蔥花的酸桔醋品嚐，此外也可以用風味鮮鹹的醬汁蒸煮，或是襯在刻花軟絲薄片下小火慢煨，質地鮮香細滑，絲毫不輸給稀罕昂貴的鮟鱇肝臟。

同場加映

日本、中國、韓國與臺灣都有食用河豚的風氣與飲食文化，甚至在華人社會中，品嚐河豚不但是騷人墨客口中的美事珍味，歷史更可追溯到千百年前。日本食用的多是體

型大的「虎河豚」，宰殺需要專業認證，並非一般廚師或料理者可任意而為，然而包括魚白（精巢）、魚皮、魚肉與魚鰭，都是讓人心神嚮往的鮮美滋味。

中國由江陰到東南沿海皆有河豚的食用習慣，主要以紅燒為主，名稱在南北稍有差異。在臺灣，特定種類的河豚經妥善處理後，加工製作成「香魚片」的海味零嘴。而刺河豚則伴隨近年美食與旅遊節目不斷放送，引人躍躍欲試。不過仍提醒須妥善留意種類、部位、鮮度品質與店家信譽，以免不慎食用後受毒素影響，而壞了品嚐樂趣甚至產生健康疑慮。

快速檢索

學名	*Diodon holocanthus*	分類	硬骨魚類	棲息環境	中表層
中文名	六斑二齒魨	屬性	海洋魚類	食性	肉食性
其他名稱	英文稱為Porcupine或Spiny pufferfish；日文發音為Fugu；本地則稱為刺龜或刺規。				
種別特徵	本種體色為淺黃至棕色，體表具有灰綠至深褐色的橢圓形斑塊，外觀多呈圓筒型，但受刺激時會充氣鼓脹，以將體表尖銳棘刺豎起作為防衛。另牙齒具有明顯的咬合能力。				
商品名稱	刺規、刺龜或刺河豚	作業方式	釣獲、拖網或刺網		
可食部位	魚肉／魚皮／魚肝	可見區域	台灣四周沿海與澎湖等離島。		
品嚐推薦	澎湖產量最大，但除當地料理外，亦多有空運至臺灣料理出售，以基隆及東北角為主。				
主要料理	酥炸、紅燒、糖醋或火鍋。	行家叮嚀	並非所有皆為可食種類，應詳加選別。		

刺河豚

沙魚煙　一餐盡享

品嚐清粥小菜、宵夜點心或海產熱炒時，總會先點上一盤沙魚煙開胃，同時依據口味喜好，吩咐肉多些、或者皮多些，不然則是指定靠近魚鰭基部，甚至是鯊魚胃、鯊魚膘或軟骨等特定部位。除享受果木或焦糖味的香氣外，還有軟滑、脆彈與飽滿的豐富口感。

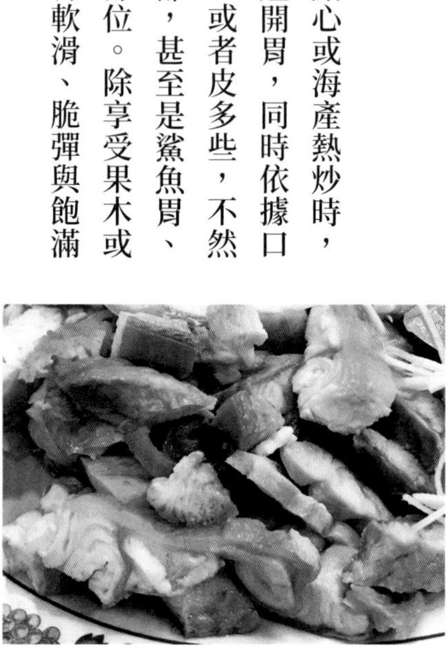

沙魚煙的取材，主要以沿近岸捕獲的小型種類鯊魚[14]外，還包括在數量上具有相對豐度的中大型種。近年多有相對明確規範且嚴格落實的「鰭不離身」，與「限制捕獲種類」或「特定保護對象」等相關法規，而讓相關資源可以兼顧保育與產業利用，朝愈來愈好的發展。

這類外型俊俏的物種，目前已然依約成俗的使用「鯊魚」統稱，然其中使用的「鯊」字，原本多是針對一類在河口或溪流中的小型魚類，因其具有以口啣砂吹吐的特殊行為而以之為名。至於英文中使用的 shark 一字，則多是以古文中的「鮫」來表示，或應稱為「沙魚」。主要原因除針對那看似光滑但實則粗糙的觸摸質地，同時早期多取其帶有鱗片的部分，作為打磨工具使用，因此得其名。除此之外，鯊魚全身的軟骨、仰賴滿是脂肪且比例甚大的肝臟蓄積能量並提供浮力，以及不具鰓蓋骨支撐的複數鰓裂，與對電流與氣味的優異覺察能力，都是這類軟骨魚類別具特色之處。

世界各地都有捕捉並利用鯊魚的相關產業與經驗，同時隨國家、地區、環境與資源形式不同，有著鮮明差異。其中仍以華人對於鯊魚的利用最為完整，同時表現形式除主要的飲食外，還包括保健與生活用品等。在歐洲與北美，鯊魚可能在切取清肉並醃漬後用於烹炸或燒烤；而在英國與冰島，則有將生鮮鯊魚放置於戶外使其發酵，待風味與質地逐漸改變後再行食用，類似的方式在東北亞的韓國亦有。

14 編按：依教育部重編國語辭典，「鯊魚」為「沙魚」的別名。因此本篇使用「沙魚煙」一詞，而非「鯊魚煙」。然為了讓讀者明確瞭解、不至混淆，單獨講述該魚種時，還是以坊間常用之「鯊魚」為準。

華人料理鯊魚，從小到大、裡到外，生及熟皆有，但最受關注並在近年多有討論的，則主要聚焦於不論在風味、質地乃至利用合理性上皆備受爭議的魚翅[15]上，但其實不論由街邊巷尾諸如魚羹、炸魚條或自助餐中不時可見的清蒸或燒燴魚片等一般食用，皆可見到鯊魚的相關利用，譬如火鍋中頻繁多樣出現的各類魚漿製品，也多取材鯊魚製成，更遑論小攤餐廳中尋常可見的沙魚煙。

多數沙魚煙皆以一片片或一塊塊呈現在消費者面前，以至可以感受與體驗的，僅剩下那略帶彈性的綿軟，與伴隨芥末醬料、蒜蓉油膏及薑絲與蒜苗所呈現的風味。因其軟骨特性，鯊魚是少數可全魚利用的魚類。

軟骨魚類在處理時與硬骨魚的最大不同，便是需經過去沙的程序，而其中所謂的「沙」，是密布體表的特殊鱗片。由於鯊魚皮多做乾貨或亦可經烹煮後食用，同時膠質豐潤別具口感，因此會以滾水澆淋或汆燙，以除去影響口感的細小鱗片，並方便後續料理與品嚐。多數鯊魚以延繩釣捕獲，小型種類則或有來自拖網或陷阱籠具，因為鯊魚必須藉由不斷泳動以利水流交換並獲取氧氣，因此多數鯊魚在捕獲過程中因勾纏漁具並限制行動，讓漁獲在收成前便多明顯虛弱並不乏死亡。大型漁獲在整尾過磅與拍賣後，會先割下各鰭，然後打開腹部取出具有加工價值的偌大魚肝，以及可用於料理品嚐的胃袋與腸道，而小型魚體在多先行去沙後，才會進行清腹處理，或依需求分切或剖開。也由於鯊魚屬於軟骨魚類，因此從皮到肉至骨，皆可料理食用，且隨不同烹調溫度與時間，多有微妙的持續變化。

不論是被稱為「沙條」的小型種類，或肉質豐厚、分量十足的「水沙」及「青沙」，甚至是被俗稱為「山娘仔」的特定種類，皆具不同的風味與口感。

---

15 魚翅取材自鯊魚魚鰭，分別經去沙、去皮、去除殘肉與修整後再行乾製。在資源有限、保鮮與儲運技術不佳的早期，是華人四大珍味「鮑參翅肚」中的代表之一，料理前須水發，但實則為不具風味與效能的鯊魚軟骨。

在國內，鯊魚切片可作為清蒸、燒燴或烹煮使用，也有經清修後製成用於烹炸的魚條或魚塊，或是經播漬後製成魚漿，並依需求調整顏色、風味與成分比例，最終成為包括甜不辣、黑輪、魚丸與魚板等各類魚漿製品，廣泛出現於各類小攤小店。

至於沙魚煙名稱中的「煙」，來自那先經汆燙煮熟後放涼，再經由二砂與精米混合並加熱後的煙燻上色，也形容著那表面的金黃色澤。而在專業販售沙魚煙的攤位上，除有魚肉、魚皮、帶著軟骨的鰭頭、翅邊或是數量限定的魚頭、魚眼及魚白外，亦有店家自製的魚皮凍，豐富膠質與晶瑩剔透的質地，推薦不妨一試。

同場加映

早期發展燻製沙魚煙這道料理吃食，不乏是為遮掩因為軟骨魚代謝而產生的特殊不良氣味，或稍稍延長保存時間。然而在今天，有人氣的店家，往往採當天透早現做，民眾必須搶早，以免相隅。由於製作方式類似，因此店家偶有供應包括煙燻魚卵、花枝、章魚或是俗稱曼波魚的翻車魨魚皮，琳瑯滿目擺在攤頭，不妨可直接吩咐店家切盤綜合拼盤，多半能吃的澎湃滿意，盡興過癮。

16 因使用種類廣泛眾多；但主要常見者如基隆與東北角一帶多有使用的沙條鮫（*Paragaleus spp.* 或 *Hemigaleus spp.*；俗稱沙條），或是蘇澳、南方澳、臺東與屏東較常使用的鋸鋒齒鯊（*Prionace glauca*；俗稱水沙）等。

快速檢索

學名	註[16]	分類	軟骨魚類	棲息環境	沿海／近海
中文名	鮫、沙魚或鯊魚	屬性	海生魚類	食性	動物食性
其他名稱	英文稱為Shark；日文漢字為「鮫」。				
種別特徵	外觀呈流線的紡錘型，僅特定種類頭部或吻端型態特殊（如Ｙ髻鮫；Hammer shark）。軟骨魚，具左右對稱之複數鰓裂，腹部平坦，胸鰭偏下位，各鰭型態與比例明顯，尾部呈明顯歪尾。體表披覆細鱗，觸感粗糙，肝臟比例大，繁殖方式依種類不同而可區分為卵生、胎生與卵胎生。				
商品名稱	鯊魚煙、沙魚煙	作業方式	延繩釣、誘釣、拖網或陷阱。		
可食部位	肉、皮、軟骨、胃袋與生殖腺。	可見區域	臺灣本島與離島礁岩。		
品嚐推薦	東北角為主，宜蘭至蘇澳與花東一帶亦有。多搭配薑絲與蒜蓉油膏，或是以芥末搭配醬油品嚐。				
主要料理	熟成品，切片或塊後冰涼食用。	行家叮嚀	建議可一次品嚐多個部位以滿足個人口味偏好，並做為下次選擇參考。		

黑肉

紅嬉烏大範

簡單黑肉兩字，精準傳達相對肌肉多顯暗沉的顏色，單就字面雖然不易理解，但其描述卻分外傳神。「黑肉」相對於俗稱「赤肉」的魚肉瘦肉部分，具有更明顯的酸鹹風味，若料理得法，不但風味鮮明誘人，同時富含的鐵質更是濃縮營養的精華，或燉或滷，都能展現那迷人氣味與口感。

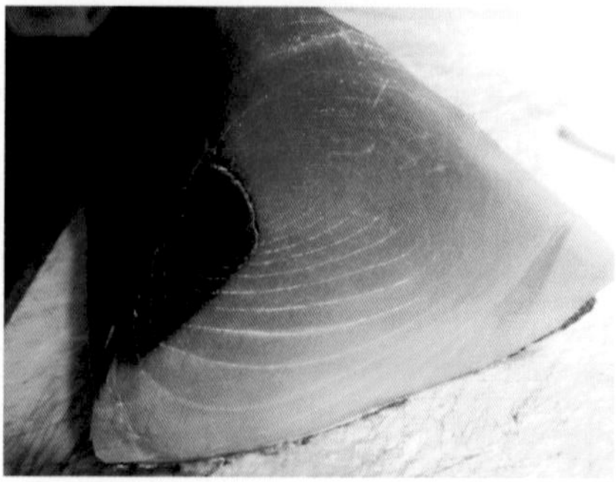

俗稱黑肉的血合肌組織中有著密集的微血管，主要提供諸如旗魚、鮪魚或鰹魚等高速泳動魚類的能量與氧氣來源，但也因此色呈暗紅且保鮮不易。黑肉取自相同魚隻特定部位，顏色較絕大多數的肌肉明顯偏深且暗沉，同時口感特殊，風味也明顯濃郁厚重許多。然鮮度良好的黑肉，往往是饕餮方才知曉的營養與特色風味。

如果觀察過輪切的魚片，便不難理解俗稱為黑肉的「血合肌」，其多在身體左右兩側，大概正是體中線的位置，其餘則在各鰭基部稍有分布。然若論完整且大比例的面積，則是由鰓蓋後方至尾柄處，腹背交界的體中線處，一條隨種類不同而涵蓋與發展稍有差異的暗色肌肉。主要分布於需氧較高組織周圍，或是需要經常活動或具爆發力之特定部位。由於顏色較深，因此多被稱為「黑肉」。其中密布的微血管，功能為提供個體在活動時充足的營養及能量供應，並協助代謝或排泄物質的移除或循環更新，但也因此多具明顯的氣味，若保鮮不當極易腐敗，故亦名「臭肉」。生鮮時多呈暗紅色，若魚隻在捕獲或收成時有活締或放血，則略呈豬肝色；加熱烹煮後則會變為深褐或灰色。

血合肌的營養組成高於一般魚肉，尤其鐵質，更明顯超越背部或腹部魚肉。

生魚片料理，多會在宰殺過程中將血合肌剔除，以避免口感差異，或影響味道。鮪魚或旗魚等大型魚種，在分切為背側與腹側肉塊後，便會在第一次的清修處理中，除去那位於腹背交界近體表處的血合肌，而體型稍小的竹筴魚或秋刀魚則會依據需求選擇部分去除或保留。歐美飲食習慣則多會將其充分去除。

體型較小的魚，由於血合肌所占比例不高，容易沾黏於皮層內緣，若無被識貨的老饕夾走享用，一般人經常是「順道」食用。鰹魚、紅魽、土魠、鮪魚乃至旗魚等大型漁獲，則因多分切作為生魚片或壽司使用素材，所以在清修時會剔下不適鮮食的部位，特別是體型大的魚，往往有重達數斤的血合肌。雖然部分被與碎肉及軟骨做為熬煮湯頭或烹煮味噌湯的取材，但亦有將其經醃漬後用做乾煎、烹炸與燒烤，享受那與醬汁交融的濃郁風味。

血合肌雖然營養，但質地脆弱且容易腐敗，加上價值不高、少人關注，而罕有妥善保鮮。但若能把握由生鮮取材，迅速保鮮並妥善處理，利用滋味鮮明的香料或醬料先行醃漬去除腥味，再伴隨適味的料理，入口風味往往令人驚豔。

許多人認為一條魚的迷人風味，或是不同種類間的氣味差異，第一在於俗稱「皮下脂」的魚皮下方脂肪，第二則來自那位於左右體側、腹背交界同時貼近皮層的血合肌。事實上，質地特殊、風味鮮明與口感獨到的血合肌，不僅在於體側，包括統稱為下巴的肩帶與腰帶，也就是由胸鰭至腹鰭周邊的區域，乃至背鰭與臀鰭基部，特別是例如白帶魚或剝皮魨等相關部位活動力旺盛且久經鍛鍊的黑肉，更是別具芬芳氣味與彈性口感，而那彷若顆粒般的細膩質地，也多讓人心神嚮往。

同場加映

血合肌的顏色，可作為魚類的鮮度判定依據，甚至在諸如秋刀、鰺魚、鯖魚與鰹魚等銀皮魚種中，口感綿軟但卻具有明顯酸鹹風味的血合肌，更是凸顯食材風味的關鍵之一。而經過加熱烹煮的血合肌，不論是乾煎、烘烤或是烹炸，也多能呈現一如肌肉般鬆軟的紋理，其腥香，多是饕餮才知曉的美味。

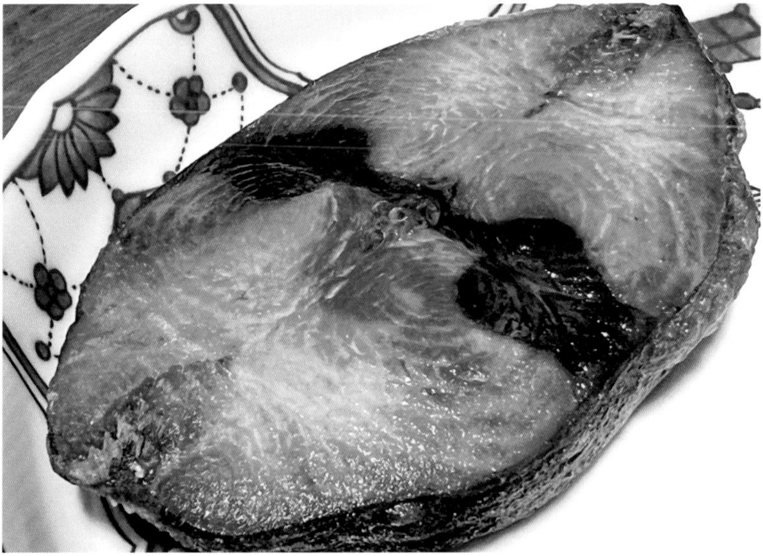

快速檢索

成分	血合肌	**分類**	特定部位	**葷素屬性**	葷食
取材來源	鮪魚、旗魚、鰹魚等	**加工類別**	無加工	**販售保存**	生鮮／冷藏
商品名稱	英文稱為Dark muscle或Dark meat。				
商品特徵	位於魚體體側中線腹背交界與近皮層內緣，因血管分布密集而色澤顯得黯沉的肌肉，分布由鰓蓋後緣迄尾柄，其餘在各鰭基部亦有局部分布，主要提供個體活動時運輸大量氧氣、養分與能量需求。分切或清修生魚片時多有單獨販售。				
商品名稱	黑肉、臭肉、暗肉	**烹調形式**	醃漬後快炒、燉煮或烹炸。		
可食部位	全數可食。	**可見區域**	主要為大型漁獲的宰殺或分切市場。		
品嚐推薦	多集中於具有打理與分切大型漁獲的拍賣市場周邊，常見者例如南方澳、臺東新港與屏東東港等地。為平價或標榜具當地特色的小吃攤、自助餐、熱炒店或海產餐廳常見取材。				
推薦料理	醃漬後裹粉酥炸、快炒及調製為三杯或糖醋料理。	**行家叮嚀**	鮮度良好者方能品嚐到箇中口感與風味。		

螺肉

恍然大悟

名為螺肉，然不論店家或顧客，都心照不宣的知曉其來源。雖冠以水中螺貝的稱號，但實則為陸地上行走的鍋牛！不過大火熱油，加上沙茶與辣椒，似乎也沒人太過在意來源出處，大口享用便是。

不論是海產攤或熱炒店，一盤炒到焦脆的螺肉，搭配那分別由沙茶與九層塔所釋放的濃郁氣味，以及兼具彈性與韌性的滿口鹹鮮，多是下飯佐餐與配酒的好搭檔。然幾乎不以完整樣貌出現的他，實為鄉村或都市邊緣常見的蝸牛。

或許那約莫雞蛋到鴨蛋般大小的蝸牛，每到雨後或夏夜，總可見到他們四處爬行，早就習以為常，殊不知他們其實是從國外引進的外來種。

早為了提升農村經濟或發展副業，因此有人自國外引入了原產於非洲的大型肺螺——本地以「蝸牛」或「非洲大蝸牛」稱之。原本以為可以成為加工出口而賺取外匯的物種，卻因為繁殖能力驚人、市場接受度不如預期，加上在飼養過程逃逸甚至棄養，以致如今四處可見。雖有部分經改良培育成白玉蝸牛，但仍難以改善價格劣勢。時間一久，倒也成為國人習慣的食材，惟未經充分烹煮的鮮活個體可能具有寄生蟲的風險，因此在烹調時需格外留意。

軟體動物在動物界中的組成種類及其數量僅次於節肢動物，其中各類水生螺類或蝸牛所組成的腹足類，更占軟體動物中的絕對比例。以蝸牛為例，除多是環境中的清除者，特定種類還被視作美食，甚至擁有龐大的養殖與加工產業。

在歐洲，養殖的蝸牛多用於焗烤或煮湯，使用頻率，就如同亞洲對於各類淡水或鹹水螺類的利用一般普及。而在亞洲，由於大型肺螺為人為所引進，食用風氣發展較短，僅在特定的餐飲環境和料理上，海產攤、熱炒店中常見的「炒螺肉」便是一例。

處理蝸牛需要同時兼顧品質鮮度與衛生安全。自殼中取出的軟組織，需先除去影響風味與口感的黏液，而後則需充分消弭可能攜帶的寄生蟲，以避免在未經充分煮熟下食

螺肉

用，侵襲或攻擊人體。常見的處理方式是，將蝸牛放置於網袋中，然後以重物砸碎螺殼，再以流水不斷沖洗與攪打，除去殘留其上的碎片，隨後則是利用如麵粉、爐灰甚至啤酒或可樂，除去其黏液，使肉質因緊縮而顯脆彈。蝸牛主要食用部位以肌肉發達的足部與套膜為主，原住民部落偶爾亦會品嚐質地白皙的卵粒。

因應需求，蝸牛肉目前多以冷凍進口供應。經過汆燙的蝸牛肉，會以「螺肉」之名在市場販售，除因形式與風味相近而多與海鮮水產一同搭配，諸如專販熱炒的炒羊肉或炒牛肉攤，也多有出售。

先將蒜末與沙茶爆香後，加入蔥段快炒，隨後將汆燙後的螺肉放入，充分拋鍋使其味道均勻後，再以料酒及少量酸醋增添香氣，起鍋前撒上一把九層塔嫩葉，便是滋味鮮香的一道熱炒。

同場加映

海產攤、熱炒店所見的螺肉，除確實有以活生海螺或罐裝螺肉為主的真螺肉，亦不乏有淡水培育或採集的「田螺」與「石螺」，或是以福壽螺加工處理的「雪螺」但不論陸生、淡水或海產，都有不一而同的美味，在品質鮮度與衛生條件無虞下，絕對值得一試。

快速檢索

學名	*Achatina fulica*	分類	軟體腹足	棲息環境	陸生／潮濕
中文名	非洲大蝸牛；褐雲瑪瑙螺	屬性	陸生軟體	食性	植物食性
其他名稱	英文稱為Giant African land snail。				
種別特徵	具有飽滿圓潤的錐狀外殼，殼面具有深淺不一的褐色條紋，足部則為與殼近似的顏色，惟足面顏色較顯淺淡。以植物為食，多好活動於潮濕且充滿植栽環境。為早期引入之外來物種（alien species），目前已因廣泛分布並影響園藝或農業，而成為入侵物種（invasive species）。雖具食用價值，然因其為廣東住血線蟲的中間宿主，故須留意避免活生接觸。				
商品名稱	陸螺、螺肉、露螺	作業方式	徒手撿拾，部分來自放養或專業培育。今日多為冷凍進口。		
可食部位	充分洗淨且完全煮熟之足部與套膜。	可見區域	臺灣四周低海拔山林或擁有茂密植栽的都市邊緣、農村與果園。		
品嚐推薦	花蓮與臺東的原民部落，多會提供蝸牛料理，但仍建議以充分煮熟者為食用前提。由於多有專業供應與烹調料理，所以多可在小吃攤或熱炒店方便品嚐，而無需自行動手。				
主要料理	大火快炒。	行家叮嚀	請務必確認充分煮熟以避免危害風險。		

魷魚

熟悉卻也陌生

不論是魷魚羹、客家小炒或油飯，魷魚是再熟悉不過的風味食材。它可以是燒烤攤上購得的小吃，也可以搭配諸多材料成為美味豐盛一桌。不過這習以為常的美味，卻隨著時空不同而先後由日、韓乃至阿根廷外海的遠洋漁船捕獲收成，並以冷凍或乾製確保迷人風味。

多數人對於魷魚的風味並不陌生，舉凡在零食中的魷魚絲與魷魚片，到點心或正餐中的魷魚羹或油飯中皆可嚐到，然多數人卻少有見過整尾的魷魚——不論是鮮活、水發或整尾乾製者皆然。

魷魚給人的印象，大部分是添加於魚羹中，以魚漿包裹的條狀，不然則是切片後

或刻花，經加熱而卷曲的樣貌，殊不知這些都是魷魚最終風味的呈現，與原本的樣態幾無關聯。魷魚屬於遠洋漁業漁獲，特別是作為乾製或加工者更是如此；本地沿岸雖有少量捕獲，但無法支撐產業或消費的龐大需求。因此近岸多以透抽、鎖管、軟絲或花枝為主，魷魚則多為外洋或遠洋所供給。臺灣主要採捕魷魚的船隊，皆以高雄前鎮為運補或卸貨母港，並在不同時間分別在北半球與南半球作業，兼營秋刀魚撈捕與魷魚誘釣。

魷魚顏色多以橘紅至赭紅為主，相對於沿近岸出產種類，外洋或遠洋分布者不但體型相對較大，同時肉鰭寬闊且多集中於末端部位，除是海洋中優秀的掠食者外，同時在受到掠食者追捕時，還多會藉由漏斗迅速噴出水柱，快速且靈活的逃脫。

魷魚因為作業海域、體型大小與風味口感與沿近岸種類多有不同，自然在漁獲形式、販售商品及其相關加工也多所差異，不如鎖管或軟絲多以鮮食或直接烹調料理為主，而是分別以乾製保存，或經汆燙、蒸煮或烘烤及調味加工後，成為方便品嚐的零嘴吃食。在國外，多以乾煎、烘烤或烹炸為主，主要品嚐部位為去除肉鰭、頭部與腕足後的胴部，常見者例如裹粉酥炸的魷魚圈，而口感特殊的腕足則偶作醃漬。

在亞洲，魷魚多半被加工做為零嘴，常見者如原味、蜜汁或麻辣等不同調味的魷魚片或魷魚絲，其次則是經宰殺處理後製作乾製品，僅少部分未達加工規格的魷魚，會經

宰殺、攤開與上串後冷凍保鮮，供作夜市或觀光風景地區用來販售烤鮮魷、烤鎖管使用。

講究效能的魷魚加工，多在具規模的廠房，搭配自動化機械與人力作業下，經由完善處理程序迅速完成魷魚的宰殺處理，甚至分切為不同商品需要的形式。

但在傳統的作業下，則必須完全仰賴人力，將多以低溫凍結方式保鮮的魷魚，依序經解凍、宰殺、清洗與片剖後，再依據需求進行後續的乾燥或是其他加工處理。乾製魷魚僅保留帶有皮膜的可食部位，因此內臟在宰殺後便已完全去除，而移除的內臟則依鮮度被分別利用於乾製或發酵，用以製作飼料原料中的乾末粉或烏賊粉。去除的部位還包括眼睛與口球——口球即為一般所稱「龍珠」，會再去除其中的喙狀齒（beak）後，收集以冷凍保鮮或乾燥處理，以供後續使用。

乾製的魷魚會用竹籤撐開，或直接攤放於網片上，經由乾燥冷風或強烈日照脫去多餘水分，最終形成顏色相對暗沉、質地堅韌同時帶有濃郁腥香的魷魚干。

在資源有限或取得困難的早期，魷魚不僅是年節餽贈的高級乾貨，同時也多是特殊料理所使用的鮮美取材。從宴席大菜裡在腹中填入多樣食材的「八寶鴨」，或是酒家菜中的「魷魚螺肉蒜」，以及諸如油飯、鹹粽或是餐館中的「爆雙脆」等料理，總不乏魷魚身

影，稱職扮演調味提鮮的重責大任。

隨著我國魷釣漁業的蓬勃發展，臺灣產的魷魚絲成為國際知名的美味外，大量捕獲的魷魚，可供作出口賺取外匯，魷魚干的製作與利用也更為普及。如今不論在專販各類麵點簡餐的小攤店鋪，黑白切中多有燙魷魚這道美味，並可依據口味偏好蘸以摻有薑末的油膏、芥末醬油或五味醬，而魷魚羹更是將乾製魷魚的風味發揮到極致。此外，客家小炒也多是經過高溫烹炸的乾魷魚，與煸香的肥五花肉與清爽濕潤的芹菜管與豆乾片或絲大火爆炒，滋味鮮香有餘，還多是下酒佐餐的良伴。

同場加映

一般所食用或可見販售的魷魚，早在三、四十年前，多標榜是「北海道魷魚」，隨後轉變為「韓國魷魚」，目前則多以主要作業海域或漁獲種類而稱為「阿根廷魷魚」，其實不難從名稱的轉變，一窺漁業資源與產業的微妙消長與變化。

此外，近年亦多有加入乾製的大型魷魚，因此偶爾市場可見，光單一一側肉鰭便有A4紙張大小的龐大局部，或是厚度直逼三公分的飽滿質地。相對於鮮魷，經過乾製的魷魚會有一股略帶酸味與苦味的腥香，即便是水發後，都可以感受到那遠遠勝過鮮品的濃郁氣味，這都是賦予魷魚干在品嚐上的特色與魅力關鍵。

快速檢索

學名	*Illex argentinus*	**分類**	軟體頭足	**棲息環境**	大洋／外洋
中文名	阿根廷魷魚	**屬性**	海生軟體	**食性**	動物食性
其他名稱	英文稱為Argentine shortfin squid；日文漢字為「赤烏賊」。				
種別特徵	頭足類生物，具有筒狀的胴部，肉鰭寬闊開展但基部僅占胴部長度不及三分之一。體表具發達色素細胞，活生時為橘紅色至赭紅色，眼睛表面具淚溝並為可與外界連通的開放式而無覆膜。動物食性，個性兇殘且食量大，成長快且多成群活動與覓食。				
商品名稱	阿魷、南魷、魷魚、柔魚。	**作業方式**	以燈光誘集後並以假餌釣獲。		
可食部位	除內臟團與螵蛸外的軟組織，一般所稱龍珠為其口球。	**可見區域**	遠洋漁獲；我國有船隊赴不同海域作業，皆以低溫冷凍漁獲供應。		
品嚐推薦	傳統市場或專販南北貨的商號多有出售乾製的魷魚，而地區市場或生鮮超市則多有販售以水發好的整尾魷魚，並依據體型大小與肉質厚薄計價；夜市亦有販售直接烘烤之魷魚乾或鮮魷，並可隨喜好搭配調味。				
主要料理	快炒、煮湯、汆燙或是烘烤。	**行家叮嚀**	料理前多會去除表面皮膜以免影響口感。		

香魚片

吃其然，吃其所以然

愈嚼愈香的柔韌質地，確實不枉「香」魚片的稱號，然不論是仍需焙烤的半成品，或可直接享用的零嘴吃食，選購時多需特別留意是否帶有刻意保留以利辨識種類的尾部，同時品嚐過程也需隨時感受是否出現漸趨明顯的嘴麻或潮紅。原因無他，便是取材原料多來自海產魨類，美味當前，但仍需小心安全為上。

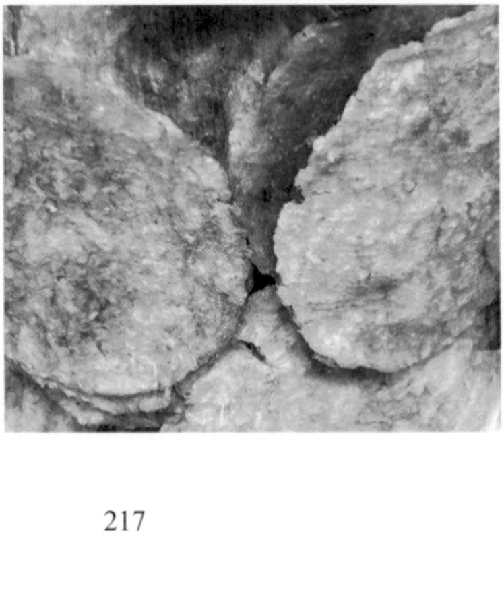

如果嫌魷魚絲總是塞牙、杏仁小魚又太過脆硬，超過巴掌大的香魚片，或許是個不錯的選擇。只是不論購買或品嚐，都得留意那尾部的形態特徵，此外，風味雖美，也應避免過量食用。

在臺灣各風景名勝區或觀光魚市中見到的「香魚片」，其實是取材「河豚」製作的加工品。只是這河豚不比日本料理店使用的「虎河豚」，也不是臺灣東北角與澎湖多有食用的「刺河豚」，而是在體型上約莫一個米酒瓶到保齡球瓶般大小的「兔頭魨」或「鯖河豚（*Lagocephalus* spp.）」。

相較於一般珊瑚礁區域所見的河豚，兔頭魨的身形較顯修長，同時體表相對光滑許多，不少種類還多具亮眼的金屬光澤質地。與鯖魚相似的體型，並於撈捕作業一併被圍網或定置網捕獲，是被稱為「鯖河豚」的主要原因。臺灣周圍海域分布約五、六種，但僅不到半數可做為食用，其餘則多具微毒至劇毒不等，最好的分辨方式，便是依據尾鰭型態辨識。（用做加工香魚片的河豚，其肝

臟與卵巢仍具有毒性，因此宰殺處理建議交由專業，不宜自行操作。）

河豚種類繁多，體型大小與種別特徵各異，然發達的牙齒與受刺激下會鼓脹的行為，多是用來以辨識三齒魨、四齒魨、刺魨與箱魨等的依據。以臺灣周圍海域分布五十二屬至少超過一百一十四種的河豚而言，並非所有種類皆可食用，甚至其中不乏猛毒劇毒的種類，雖然前人曾留下「拚死吃河豚」的說法來突顯河豚風味之美，但每年卻仍不乏因為未經正確辨識、不擅處理或處理過程中的汙染，而導致中毒甚至死亡案例，因此不可不慎[17]。

河豚風味雖美，但特定部位卻因為生物累積或濃縮（bioaccumulation）效應，導致分別由食物鏈中收集並累積的毒素形成「河魨毒」，而這毒素輕則使人麻痺，嚴重者迅速休克致死。主要毒素集中於肝臟與卵巢，但部分種類的血液、精巢甚至肌肉亦有之，宰殺不慎，也經常有相互汙染而導致中毒之風險，並不建議自行料理。

17 補充提醒：河豚毒性除與種類有關外，也常常伴隨種類或個體的發育階段、性別乃至出現時間與海域而有所變化，然毒性種類之確認必須交由專業，一般民眾務必謹慎。

河豚的面貌長相與體型結構與一般魚類稍有不同，宰殺時，多會先剁除具有鋒利齒板與咬合力道驚人的吻端，隨後在不破壞腹腔的前提下，進行剝皮處理。河豚皮因柔韌或表面具有棘刺，所以除了刺河豚可藉由汆燙、拔刺，冰鎮後品嚐其富含膠質與彈性的魚皮外，其餘種類皆少有食用。

隨後則是剁除頭部，與移除腹內臟器。相關操作皆須在持續流水的環境下作業，以盡量降低汙染風險，格外是具有劇毒的卵巢與肝臟，避免不慎混淆或遭誤食。此外，片取下的肉質也須充分刮除血汙，特別是用來製作香魚片的取材，除會除去臟器並撕除掉魚皮外，同時也會影響口感的中骨、魚刺乃至鰭緣除去。但保留尾部，做為種類辨識與安全確保之用。

同場加映

香魚片伴隨許多人成長，尤其經過甜鹹兼具的蜜汁調味，以低溫冷風或日光乾燥再由炭火烘烤添香，確實是鮮美且耐人尋味的零嘴吃食。

會與香魚片一同陳列販售的海產零嘴，從以昆布製成的昆布糖，以調味乾燥魚塊製作的魚果（也稱鮪魚糖），還包括多以散裝秤重銷售的魷魚絲、魷魚腳或魷魚片等，而若造訪澎湖、宜蘭或高屏等水產加工產業發達的地區，不乏能見到各類魚干、蝦干，或利

用當地充足日照與風力，自行曬製的章魚干、鎖管干等多種美味。

18 國內經常取材作為加工製成香魚片的兔頭魨種類以克氏兔頭魨（*Lagocephalus gloveri*）與黑鰓兔頭魨（*L. inermis*），在妥善宰殺下，具有食用與加工價值。

香魚片

快速檢索

成分	魚肉	**分類**	加工水產品	**葷素屬性**	葷食
取材來源	可食性的兔頭魨（*Lagocephalus* spp.）特定種類[18]	**加工類別**	分切／乾製／烘烤	**販售保存**	常溫／即食
商品名稱	英文稱為Blowfish。				
商品特徵	體態修長，具有比例明顯的眼睛與頭部，外觀則呈現相對修長的紡錘型；體表光滑，活生或鮮度極佳時具銀白混和青綠至黃綠的金屬色澤，尾鰭則為辨識種類的重要依據。				
商品名稱	鯖河豚、煙仔規或金規	**烹調形式**	多為加工使用，也可取尾段烹調，多以紅燒或煮湯為主。		
可食部位	全數可食	**可見區域**	澎湖、宜蘭、花東沿海與高屏。		
品嚐推薦	俗稱香魚片的零嘴是可食性兔頭魨最主要的加工利用，雖商品立即可食，但若以炭火焙烤復熱，風味更顯鮮香。此外，部分漁民會取撕除魚皮的尾部清肉，用於烹炸、乾煎或紅燒，風味同樣迷人。				
推薦料理	直接品嚐，或拆撕後以熱鍋少油煸炒。	**行家叮嚀**	請確認購買與品嚐之商品具有完整尾部。		

甜不辣　甜，不辣

甜不辣的名字確實傳神，通俗口味也讓大眾倍感熟悉，平實的單價，讓它成為了正餐、點心乃至宵夜的日常。只不過這看似尋常的形制與口味，卻少有人了解箇中奧祕。

甜不辣的名稱來自日文「天麩羅（天ぷら）」與「田樂」的轉化[19]，前者指的是一類將時令菜蔬與水產裹上粉漿後烹炸的料理；而後者則是早期務農社會，多會將相關食材以油炸方式的吃食，用來補充勞動下的大量耗能，同時撫慰身體上的疲累。

在臺灣，這日治時期引入的吃食乃至加工方法，因為取材方便且口味出眾，自然成為沿襲迄今的特殊食材或小吃。而「甜不辣」一詞，除隱約蘊含了其來源的脈絡，另一方面則極為精準地描繪了風味上的特色。

只是隨著地區，用料取材、風味口感乃至料理上，南、北有差異。這在北部稱為甜不辣的食材，往往在南部多以「黑輪」稱之，但基本上兩者僅名稱、用料取材或形制稍有差異，實則皆為魚漿製品，經過油炸定型與熟化，成為粗細、長短與厚薄不一的條形與片狀，相同的是都具有一層金黃色的外衣，以及軟糯芬芳的鮮美。北部對取材鯊魚漿製成的牛蒡甜不辣情有獨鍾；南部則愛上虱目魚或旗魚漿製作的黑輪片與黑輪條。

只要在漁業資源相對豐富、產業發展具有完整歷程，以及消費市場多有偏好與習慣的地區或國家，大多都有在各類水產鮮食以外，藉由加工以利延長保鮮、利於儲運且可增添風味的相關處理。因此魚漿製品不僅止於影響臺灣甚鉅的日本，在鄰近的韓國與中國與東南亞各國，乃至北歐挪威，也多有類似的食品。此外，近年隨貿易運輸與完整冷鏈的全球布局，也讓分別由東南亞或中國出口的各類冷凍產品，銷往世界各地，其中最具代表性的魚丸（fish ball）與甜不辣（fish cake），便成為全球的吃食。只是隨世界各地的口味與飲食習慣不同，而在最終呈現方式上略有差異。

19　甜不辣來自日語「天麩羅（天ぷら）」，黑輪來自日語「お田樂」（おでんがく otenraku），目前多以「御田」（おでん oden）（関東煮）表示。

歐美多將相關食材藉由微波或蒸煮加熱，或是乾煎與烘烤後食用；韓國則多與泡菜拌炒或煮湯；在東南亞，這些魚漿製品可為正餐中的搭配，甚至形成如叻沙或釀豆腐等小吃。

在臺灣，甜不辣或黑輪的取材會因為地域與資源不同，並在製作取材上多有差異。以基隆為首直至新竹一帶，多數的魚漿製品皆以鯊魚為主；往東經宜蘭至花蓮與臺東，會轉為以當地盛產的鬼頭刀或旗魚為主；而往西南則會在雲嘉南等養殖主要縣市，轉變為大宗收成與加工的虱目魚；素以近岸或遠洋大型漁獲卸貨與拍賣為主的屏東東港周邊，則又以旗魚取代。因此繞臺灣一圈，總可見到類似形制的吃食，然而風味、口感乃至名稱卻有微妙差異。相同的是，製作相關製品多以白肉魚為主，來源成本、品質與供應穩定與否則是關鍵。取下的肉質會除骨去皮，至於細刺則會利用絞篩過程剔除，不致影響口感。魚肉絞細過程中會加入冰塊降溫，同時利用添加鹽分溶出蛋白，並加入粉料賦形及增量。最後以手工或機器塑形後，放入油鍋中烹炸定形並上色，遂變成為市場所見的條狀或片狀甜不辣。

在傳統市場乃至超級市場多有販售的甜不辣，既可以簡單加熱後單吃，也適宜與其

他材料一同搭配。若有機會，不妨可在包括基隆、新竹、臺南或屏東等主要漁獲產地或多有加工廠的市場周邊，尋覓一下那些專門製作各類魚漿製品的小型加工廠，除可見到那由魚肉直到成品的完整製作過程，同時還可感受那外表蓬鬆，同時帶著鮮明溫度與氣味的現炸美味。

甜不辣是火鍋與燒烤不可或缺的美味，但烹煮時間往往明顯影響風味與口感，而少煮、多翻與快吃是箇中奧義。由於販售的甜不辣已先炸熟，所以僅需復熱即可，而在煎炸或烘烤時多翻面，則可避免高溫導致焦化。

同場加映

魚漿製品可製作之商品不僅止於甜不辣

或黑輪，從具歷史感與用於特定節日與場合的「蒲鉾」，到以形狀、大小、餡料而區分為不同名稱的各類魚丸，乃至諸如基隆著名的「吉古拉」，與包上四分之一顆水煮蛋的東港黑輪等，都是取材魚漿製作的特色美食。這些魚漿製品多廣泛出現在各類街邊巷尾的小吃、簡餐、團膳或宵夜中，成為提鮮擔當。

20 因為冷凍後退冰多會導致口感受到影響，同時因為冰晶形成與解凍時水分析出，亦會影響風味；因此店家多強調當日現做販售，或僅以冷藏保鮮，而少有冷凍販售。

快速檢索

成分	魚肉、太白粉與食鹽	**分類**	加工製品	**葷素屬性**	葷食
取材來源	鯊魚、虱目魚或（與）旗魚	**加工類別**	魚漿製品	**販售保存**	常溫／冷藏[20]
商品名稱	英文名稱為fish cake，但亦有以Tempura發音及表示，其名稱來自日文「天麩羅（天ぷら）」與「田樂（おでん）」的沿用。至於日本用語則來自葡萄牙語Tempero的發音。				
商品特徵	依消費需求與偏好而分別有條狀、餅狀或片狀等形式，機械製作者外觀一致且表面光滑，而手工製作者則型態各異，表面的指痕為主要辨別依據。顏色、風味與口感多與使用魚漿比例及其烹炸程度有關，部分商品會放入如牛蒡絲或水煮蛋等配料。				
商品名稱	甜不辣、黑輪	**烹調形式**	水煮、乾煎、快炒、烘烤或火鍋。		
可食部位	全數可食	**可見區域**	全臺灣各地傳統市場、夜市或小攤。		
品嚐推薦	基隆的鯊魚甜不辣，或是其中混入大量牛蒡絲的甜不辣片，以及雲嘉南等的以虱目魚漿製成的黑輪，或是屏東東港市場中包夾水煮蛋的黑輪，都是具地方特色的美味。				
推薦料理	清炒、乾煎、水煮或氣炸。	**行家叮嚀**	魚漿使用比例與烹炸程度為美味關鍵。		

吉古拉

色香味意形兼具

「吉古拉」特殊的名稱為日語發音，更多人熟知的樣貌與名稱為「竹輪」。基隆手工現做的吉古拉不但可以見到完整製作流程，同時還可感受炭火高溫與魚漿氣味在溫度及時間持續變化的微妙差異。一般分為厚、薄兩種，在風味與口感上各具特色，常見於湯品或小菜，近年還有以麵包西點展現另類風貌。

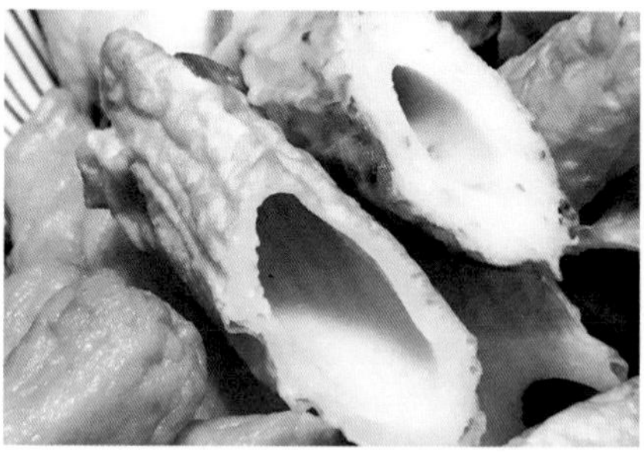

因為類似竹節中空、表面略有疙瘩皺褶其深淺不一的褐色花紋，而被以「竹輪」表示，但在主要接觸、製作並且多有普遍食用的基隆，反倒習慣以「吉古拉」稱之。一來親切，二來似乎能直接從那稱呼，連結到味蕾與記憶中的一抹鮮香——那多是山城海港，或是故鄉的滋味。

類似的商品或許在這火鍋食用頻率相當高，不乏出現在鍋燒麵、什錦炒麵或燴飯等多有豐富配料的吃食中。市售商品主要以長度約莫四或十五公分上下的形式為主，本體為白色但表面具有褐黃色相間紋路，但不論大小，其厚度皆為約莫零點五公分。而基隆特產的「吉古拉」，僅有零點二到零點三公分的厚度，同時長度超過二十公分，兩端亦無完整切邊。

通常被擺放在櫥窗中的吉古拉，多是整條完整的外觀，點餐後經滾水短暫汆燙，再斜切為段狀或片狀，或者事先切好，搭配其他配料，滾煮海鮮什錦、炒製咖哩烏龍或燴飯等料理使用。

不論在傳統市場和麵攤小販上販售的

吉古拉，多為已充分烤熟的商品，並依狀況以常溫、冷藏或冷凍販售，理論上可以直接食用，但為確保衛生無虞，以及利用溫度軟化質地與釋放香氣，所以食用前仍需以水汆燙、炊蒸或快炒。

其對應的常見料理，例如秋冬低溫季節經常品嚐的火鍋，或是基隆別具特色的米苔目、大腸圈乃至用料豐富的什錦炒麵、咖哩炒麵與燴飯等，也都可見到吉古拉搭配其中。甚者切上一、兩條的吉古拉，蘸以基隆辣醬享用；不然則是吩咐小攤煮上一碗吉古拉湯，配上乾麵或滷肉飯。不消過多花費，絕對能痛快過癮。

吉古拉的製作相當有趣，只要看過完整製程，便能充分理解吉古拉的形狀、顏色、質地與用料取材，讓品嚐更顯踏實有感。店家會依據祖傳配方，分別取材鯊魚或旗魚，或將兩者以特定比例相混調勻的魚漿中，加入適當的粉料及調味，隨後塗抹於中空的鋼管表面烘烤。厚薄則關乎著烘烤的時間與最終呈現的樣貌和口感。

相對於工廠大量製作的商品，手工吉古拉的外形既長且薄，特色正是那份魚漿經烘烤後呈現的焦脆與愈嚼愈顯滋味的真材實料，當然也包括以炭火烤製同時，在表面隨時間累積與不斷翻滾所添著深淺不一的褐色。而從那色澤與中空管狀特徵，以及早期多使用竹子做為塗抹魚漿的附著支撐，便可以了解其日文中「竹輪」之稱的由來。

吉古拉近年受報導而成為足以代表基隆的特色風味之一，其人氣興旺絲毫不輸諸如手工甜不辣、營養三明治、泡泡冰、咖哩飯與鮮魚湯，成為造訪基隆必吃美味。只不過，對於吉古拉，基隆在地除更加支持外，同時也多有身體力行的落實：從早中晚三餐、午茶乃至宵夜，總可見到基隆市區巷弄間，各類烹調販售吃食中，不乏吉古拉的美味身影。早餐的米苔目、米粉湯或總是搭配餛飩湯的摵仔麵小攤上，櫥窗中或高湯裡，多有一條條的吉古拉可供點選，斜切為厚度剛好的片狀後，蘸以基隆著名的辣醬品嚐；而在沒有固定品嚐時間，只要肚子餓便可來上一份的什錦咖哩炒麵或燴飯裡，也多可見到吉古拉負責提鮮、增加分量的出色演繹。近年更有在地西點業者，將其融入麵包之中，富於巧思。

而在日常生活中，吉古拉也多有隨興方便的風味展現，不論是與口感鮮爽的芹菜管或韭菜段大火拌炒，或是與其他魚漿製品搭配，以火鍋形式呈現，也都別具風味特色。講究的還會區分厚、薄兩種不同形式，同時堅持在製作現場購買，直接趁熱來上一條，空口單吃、就地解決才是滿意痛快。

同場加映

基隆為相對較早的通商與移民口岸，因此許多別具異國風味的吃食及調味，皆由

基隆首先接觸，而後傳入。然而山城雨都因腹地有限，讓都市發展不致過快，意外的保留了許多樣貌，包括飲食的風味乃至品嚐形式。因此基隆不但「吉古拉」出名，相關魚漿製品的種類、口味與價格，亦皆讓人感到豐富多樣、風味十足且經濟實惠，例如標榜用料實在的魚餃與蝦餃，及添加牛蒡絲並經油炸賦予金黃色澤與爽脆口感的「手工甜不辣」，以及運用於旗魚羹或花枝羹製作的各類旗魚漿或鯊魚漿等；不論在傳統市場購買成品或半成品，或是直接在廟口夜市享受熱騰騰的美味，都相當值得一試。

---

21 製作商家除會依據主要產期產季調整使用種類及其混合比例外，亦多有強調獨家風味與口感的特定取材配方。

吉古拉

 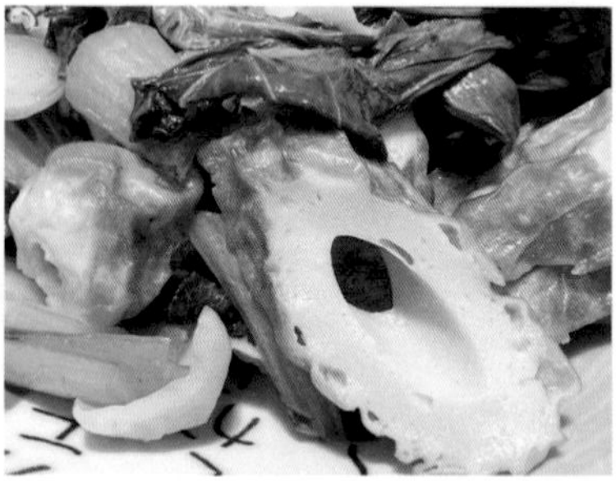

快速檢索

成分	魚肉、太白粉與食鹽	分類	加工製品	葷素屬性	葷食
取材來源	鯊魚或（與）[21]旗魚	加工類別	魚漿製品	販售保存	冷藏／冷凍
商品名稱	源自日文發音的ちくわ，漢字寫作「竹輪」，英文則音譯為Chi-ku-wa，但一般會以fish cake表示。中文多沿用日文漢字，僅基隆地區稱為吉古拉。				
商品特徵	中空管狀，係為將魚漿塗抹於鋼管表面後，以炭火加熱後烤熟；剛完成時表面蓬鬆鼓脹，冷卻後多有皺褶，顏色深淺則隨烤製過程之火力與滾動速度多所不同。因質地與顏色類似乾燥竹管而名為「竹輪」。				
商品名稱	吉古拉、吉古哇或竹輪。	烹調形式	汆燙、快炒或火鍋。		
可食部位	全數可食	可見區域	基隆生產者最具原貌與風味特色。		
品嚐推薦	基隆仍保持最接近於原貌與製程的商品形式，且悉數以手工製作，不論氣味、口感與樣貌，皆非大量生產之工廠製作商品可比擬。				
料理方式	汆燙、熗炒或氣炸。	行家叮嚀	品嚐之餘建議可專程欣賞製作過程。		

魚冊

吃也要有學問

來自中國東南沿海，但卻在臺灣被保留，特別是在全臺首學的府城，因外形類似書冊，呼應文風鼎盛而被留存並發揚，如今則為特色地方小吃。以擂潰[22]的魚漿攤平後，捲入切絲的香菇、芹菜與胡蘿蔔，賞心悅目外，更能在一口滿足中充分感受到海陸雙鮮。

或許正因全臺首學的古都，所以就連日常吃食，也都得要來點書卷氣；因此這以魚肉經擂潰後製成的在地美味，不僅外型類似書冊，其中蘊藏著多般滋味，就連名稱也取其外形而稱為「魚冊」，搭配魚丸、魚羹與魚酥，更是豐富精彩。

魚漿製品因其風味口感特殊，除簡單料理便可自成一道美味點心或菜式，同時也適

合搭配不同取材配料，讓風味口感更加誘人。特別是在對吃食風味講究，同時又口味特殊出眾的古都臺南，多樣化的魚羹、魚丸與魚冊等料理，自是別具特色。

相對於多將餡料包裹於魚漿內部，並在咬下時才透出驚喜風味與鮮甜湯汁的魚丸，或是將魚肚與魚皮分別混合其間，獨創鮮爽脆彈口感的魚羹，魚冊多是將經充分攪打擂潰隨後添加鹽分並混入特定比例粉料的魚漿，先在案板上攤平，然後再將精心挑選、細心切製並巧妙配色，同時在粗細長短上比照嫩芹菜段的胡蘿蔔絲、筍絲與香菇絲，以極為熟練的刮刀順勢包入其中。為求絕佳鮮度，魚冊除皆當日現做外，同時亦多現點、現煮，鹹鮮風味甚是令人期待。

在古都臺南的街邊、圓環旁或傳統市場周邊，多可品嚐在地風味，甚至具有悠悠歷史的特色料理；雖然近年來府城風味向來為虱目魚粥、碗粿、蝦仁飯或香腸熟肉稱霸，近年還多有新興的溫體牛肉湯，只是每當正餐間肚腹空虛或嘴饞難耐，而想吃點熱的鹹的時，簡單的魚丸湯、魚冊湯或是隨興的吩咐店家在乾麵中多加一份魚冊，同時點上取材與製成幾近雷同的魚麵與魚冊，現點現煮且上桌時仍熱氣蒸騰的一乾一濕，不消過多

22 將魚肉經絞碎與在低溫下持續均質，並利用添加鹽分析出鹽溶性蛋白以呈現膠黏特性。

花費，恰到好處的分量也絲毫不影響正餐，自是令人嚮往。

魚冊係以僅不到五毫米的魚漿將切成粗絲狀的菜蔬包裹，因此在風味鹹香的高湯中一燙就熟，通常食用方式有乾吃與煮湯，前者多作為點心，想要豐富些則可加上一份魚麵，而後者再搭配一份菜粽或肉燥飯，則可作為美味的正餐一頓。

魚冊、魚麵，與魚丸、魚羹一般，這類統稱魚漿製品的特殊美味，主要取材皆為魚鮮；只是隨著地理位置、漁獲資源與口味偏好不同，在使用的漁獲組成上往往稍有差異。道地的魚冊，其魚漿來自俗稱「九棍」或「九母」的「狗母魚」，主要原因來自早期這類刺細且多而又分岔雜亂的漁獲鮮食價值不高，但因質地細緻且風味鮮美，因此成為製作魚漿的絕佳取材。只是近年因為漁獲供應短缺，加上原料價格與製作成本持續看漲，也讓取材種類與添加比例不免調整，甚至堅持風味的店家，乾脆隨漁獲收集狀況來決定製作與開店與否。

狗母魚身形一如短棍，除去頭尾、內臟與魚皮後，便會略為斬剁，隨後放入絞肉機或調理機中攪打，加入可協助調質的鹽分與賦形的粉料，再經由經驗豐富的店家不斷測試黏性與彈性，誘人風味變漸趨成形。

雖然都是魚漿製品，但包入菜蔬的魚冊，不論在式樣、風味與口感上，都與魚丸與魚羹大不相同。相較於魚丸或魚羹，魚冊的製作工序與成品要求，包括魚肉成分組成，往往更講究，而這也成就了魚冊多有相對香甜且口感鮮爽的特色。堅持傳統製程的老店，會特意選用鮮度極佳的狗母魚。而純熟擂漬技法與盡可能降低調味與過度烹煮對於風味及口感的影響，都讓魚冊一旦入口，便讓人驚艷無比。

在滾沸高湯中快速翻煮的魚冊，表面魚漿因為瞬間高溫而展現了脆彈的口感，而由外滲入的溫度，則讓內部包夾的胡蘿蔔絲、筍絲、香菇絲與芹菜段，隨著質地漸軟而持續釋放出有層次的芬芳。

魚冊料理可乾可濕，既是湯點或火鍋中的取材，也可以獨當一面，與絲瓜或大黃瓜燴炒。搭配些許白胡椒粉末的辛辣，在食慾不振的炎炎夏日嚐來，特別清爽開胃。

同場加映

西南沿海多有相對豐富出產的狗母魚，除了可作為製作魚羹、魚丸、魚麵或是魚冊的魚漿取材外，同時也是炒製魚鬆的絕佳用料。一來是肉質鮮香；二來，紋理明顯的肉質纖維，也讓纖維稍短但卻膨鬆爽口的狗母魚鬆更顯口感獨特，一經入口，便可察覺其與目前主要在市場流通的虱目魚鬆、鮭魚鬆與旗魚鬆大不相同。而狗母魚鬆不僅可以單

吃，搭配臺南風味的米糕或肉燥飯——與那黏膩濃郁的醬汁、脆口黃瓜與鬆軟水煮花生——大口扒下或是慢慢享受，都十分痛快過癮。

23 包夾的菜蔬會因為店家傳統或季節因素而略有不同或搭配調整。

快速檢索

成分	魚漿與菜蔬[23]	**分類**	加工製品	**葷素屬性**	葷食
取材來源	狗母或海鰻	**加工類別**	魚漿製品	**販售保存**	常溫／冷凍
商品名稱	多僅在臺南一帶可聽聞或見到的特殊小吃；目前則偶爾出現於特定市場或店家，外型雖有調整，但皆以「魚冊」稱之。				
商品特徵	將切成細條或粗絲狀的菜蔬以抹平的魚漿包裹。多為當日打漿包夾現製，食用前再以滾水烹煮。惟烹煮時間不宜過久，以免風味過淡或口感過於軟爛。多手工少量製作，目前則偶有小型加工廠以季節產線生產，冷凍保鮮供應。				
商品名稱	魚冊	**烹調形式**	汆燙、煮湯或火鍋料。		
可食部位	全數可食	**可見區域**	臺南		
品嚐推薦	經汆燙後可直接食用，或搭配魚麵、魚丸與魚羹，分別以乾拌或煮湯品嚐。現今則亦有做為火鍋料，與多樣魚漿製品一同搭配。				
推薦料理	乾拌、煮湯或火鍋。	**行家叮嚀**	魚漿比例影響風味與口感，留意切勿久煮導致風味盡失或軟爛。		

魚麵

先蒸再煮，一熟再熟

雖外形似麵，但不論製程、口感與風味，都與名稱大異其趣。魚麵主要取材自海鰻或鮸魚，清肉經攪打、製麵、炊蒸後，再切製成如麵條般。魚麵汆燙或快炒後便是美味一道，特別是在馬祖嚐來，呼應老酒、紅糟與鰻鯗，最是夠味過癮。

魚麵從用料取材、加工製程乃至風味口感與一般麵條大不相同。好的是嚐過之後通常再難忘懷，而壞的是許多人一見其分量與價格，便以一般麵條的標準衡量評估，而錯失美味。

市場販售的魚麵形式有兩種，一種乾燥、一種濕軟。前者多為方便保存、販售與攜帶；後者則多為當日限量製作。當日現做者多有對品質相對的堅持，所以不論是用料取

材，乃至製程，總有一定的水準要求。（這可能是延續幾代的風味堅持，也可能是不希望這有著先民巧思與傳統形制的食物，就此被大量機械製作或魚目混珠的工業製品所取代。）也正因為這般的堅持，所以製作過程繁複的魚麵多產量有限，最好提早預約，以免向隅。

魚麵的外觀顏色多為乳白且稍顯微黃，質地像是稍乾燥的寬版麵條和麵片一般，而觸感則類似將幾張春捲皮（或潤餅皮）彼此相疊的樣貌——特別在那略顯粗糙的表面，或是一如毛邊般的邊緣。

魚麵雖以「麵」稱之，但僅有形貌相似，若論其用料，與一般麵體大異其趣。當中不僅沒有麵粉，而是甘藷粉；同時決定風味的關鍵，往往在於取材的鮮魚比例，且隨不同季節的漁獲組成，做為魚麵主體的魚種亦多有不同。

一般購得的魚麵已多是蒸熟的狀態，乾燥者則是以日照使其脫水，降低水分以抑制微生物生長。若是當日購得的生鮮魚麵，必須即刻冷藏或冷凍，以確保鮮度品質。由於魚麵多已先經蒸熟，所以料理時多無須過度加熱，而製作過程中也添加了一定比例的鹽分，無需再刻意調味，避免過鹹。

在潮汕與馬祖一帶，魚麵多短暫焯水後，與大量蔬菜或俗稱海米或金鉤的蝦米、淡

菜或蠔乾以及新鮮菜蔬大火拌炒；臺南則將魚麵汆燙後添加肉燥與葉菜拌勻食用。

隨近年魚價持續高漲，同時擁有經驗手藝且願意耗時費工的製作者，不是體力不濟便是退休離世，難抵價量不符的消費比較，讓這特殊風味的吃食愈難尋獲。

魚麵取材的魚種可為海鰻、鮸魚或狗母，雖然出產季節不同，且身形差異甚大，但皆須經宰殺、去除骨刺與魚皮、重複絞打並過篩，以剔除影響口感的細刺。最終加入適當比例的食鹽與地瓜粉，然後以不會因為連續操作而產生溫度的酒瓶，將類似麵糰的質地擀成零點二至零點三公分的薄片，後續再炊蒸定型。

魚麵的料理方式，多半是將新鮮麵體解凍後，稍微汆燙或簡單焯水，去除表面用以防止沾黏的細粉後，撈出後稍稍瀝乾，再與其他材料拌炒即可，配料可以自行搭配選用。臺南一帶以肉燥增味提鮮，搭配鮮綠葉菜拌勻後食用，滋味鮮香誘人。馬祖則多以海味取勝，除加上蝦米、蝦仁、淡菜或小卷外，也會以包括韭黃、小白菜、木耳或胡蘿蔔絲等菜蔬配色，使風味更顯層次。

不過既然魚麵非麵，論就口感與風味，反倒類似一道有著濃郁且濕潤口感的菜色。

魚麵其實比較像是切成絲狀或條狀的魚漿製品，但沒有明顯的彈性；也像火鍋中會出現的魚餃皮般，只是形制明顯不同。也因此，若是購買整張未切的魚麵，可隨料理需

和益製麵廠

求被切為不同形態，不論切做大片供火鍋汆燙，或是切成細絲以熱油烹炸，也都是不同形式的美味展現。

同場加映

或許如今只有造訪仍有少量製作魚麵的馬祖或中國廈門與潮汕一帶，才有機會品嚐到魚麵。不過既然為尋訪這存續百年以上的迷人滋味，不妨趁機同時品嚐沿海或離島特有的風味吃食與特殊調味。例如素乾品、煮乾品或醃漬品，或是俗稱火山、佛手的多種藤壺、珠螺、石蚵與花蛤等。與當地取材並以手工現做的魚丸、魚餃及魚麵一同品嚐，絕對能為旅程留下難忘的深刻印象。

快速檢索

成分	魚肉、地瓜粉與食鹽	分類	加工製品	葷素屬性	葷食
取材來源	狗母、海鰻或鮸魚	加工類別	魚漿製品	販售保存	乾燥／冷凍
商品名稱	英文稱為Fish noodles				
商品特徵	乾燥者多呈團狀，約莫拳頭大般的一人份；而新鮮現製者，未切時為直徑三十至四十五公分的薄片狀，隨後經捲折後再依據需求切成不同寬度的條狀。				
商品名稱	魚麵	烹調形式	汆燙、快炒或放入火鍋。		
可食部位	全數可食	可見區域	馬祖與臺南。		
品嚐推薦	馬祖多有乾製品、現製品與各家餐廳偶有供應以燴炒為主的料理形式；惟隨季節不同多有供應狀況穩定與否，以及其間使用魚種之差異，會稍稍讓風味存在些許差異。				
推薦料理	條狀快炒或氣炸，片狀汆燙。	行家叮嚀	魚肉比例愈高，風味愈佳。中國沿海與馬祖皆以市斤（五百公克）交易。		

調味提鮮

調味配料或風味蘸料使用

髮菜

三千煩惱絲

一般所稱髮菜，其實包含了保育類、替代品與混充品三大類；本尊因為大量採集造成的荒漠化而禁止利用，因此近年已然罕見少有，取而代之的是來自生長附著於潔淨海岸礁岩上，但卻是季節限定的藻類。至於混充者則來自化工澱粉外加染劑。

細如髮絲，同時伴隨著褐紅至藍灰的顏色，讓它們有了如此特殊卻也傳神的名稱，尤其是見到尚未調理烹製的乾燥髮菜，不論在顏色與質地觸感上，更像修剪而下的三千煩惱絲。人們還多以其發音類似「發財」，而以之用作祝福寄寓，因此常見於喜慶宴席中。

髮菜早先是指採集自中國西北旱漠的藍藻，因為特殊型態以及帶著濃厚喜氣的名

稱而著稱，但由於天然採收的髮菜產量極低，加上採集髮菜多會加速早已貧瘠的土地更快的沙漠化，因此近年不但將之提升保育等級，成為禁止開採與交易的天然資源，同時隨著環保意識抬頭，人們一方面尋求髮菜的替代商品，另一方面，則分別有人工培植或是商品加工技術的應用。前者利用類似組織培養的方式進行藻體的培育，後者則利用藻膠、色素與日新月異的加工製程生產——當然也不乏部分以玉米鬚染色而作為魚目混珠的劣品。而在臺灣，則多會取材被稱為「紅毛苔」或「頭髮菜」的「紅藻」，做相關料理搭配使用。

髮菜在風味上幾無特色，又因為質地過於纖細柔軟，也讓口感缺乏表現，因此即便在料理之中，也多僅聊勝於無的少量添加。不過，髮菜呼應年節或喜慶宴席的澎湃豪華與祝福寓意，另一方面，也讓菜色在視覺感官與價值上翻上好幾個檔次。只是隨著產量稀少與保護政策，價格連番上揚且取得困難，加上環保觀念普及與加工技術日新月異使然，所以目前添加如各類菜色羹湯中的髮菜，多為加工製成的替代商品外，同時也不乏取材藻類加工而成的類似商品。

髮菜在歐美幾無食用習慣。而在臺灣，由於四面環海，在藻類資源豐富的優勢下，多有以型態、顏色與質地類似的紅藻可普遍供利用，且不乏以烹炸、乾煸或焙烤等處理。

髮菜目前除了極少數的早期存貨外，大多已無在市場流通。偶爾可見的近似商品，或有標榜人工培育，但絕大多數則為玉米鬚染色或是由藻膠製作的贗品，為求仿真，多數仍以層疊方式打理乾燥，並以小包裝出售，食用時僅需將其以溫水泡軟，同時抖除乾製過程可能夾藏的小蟲或沙石等髒汙，便可料理使用。

國內生產的頭髮菜，則多由沿岸的漁家在產季時於岩面上刮取採集，隨後攤平於竹編簍筐上，利用其立體且透氣的特性，搭配陽光與海風使其迅速乾燥，待水分充分蒸發後，便可取下一如簍筐般外型的薄片，隨後收取並密封遮光保存，以避免潮濕與光照影響品質及風味。

常見的髮菜料理，多是加入燴菜或羹湯

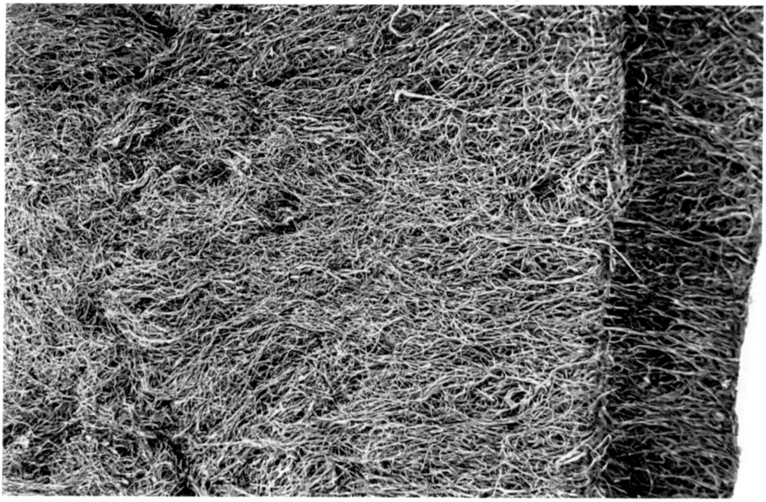

之中，與食材搭配，舉凡「燴芥菜心」、「蘿蔔鑲干貝」，或是滋味鮮美酸香的「海鮮羹」等料理，皆可見到其中隱約襯托的絲絲柔滑線條身影。

國內雖四面環海，但多屬相對濕熱的海島氣候，所以並無出產髮菜。所以除早期有進口外，目前則皆由染色仿品，或是被稱為頭髮菜的「紅毛苔」所取代。

以紅毛苔經乾製後的頭髮菜，脫水乾燥，所以除有明顯腥味外，口感也相當特殊。入口時初顯酥脆，而一旦在口腔中濡濕後，則轉為伴隨濃郁藻香的柔滑與黏稠。除多有製成可即時品嚐的零嘴吃食，標榜可使頭髮烏黑且大補鐵質與微量元素外，同時也多有加工製作為拌飯的材料，搭配海鹽與芝麻，成為孩童喜愛的配飯良伴。

同場加映

早期因為對於生物資源、棲地生態或環保觀念尚未成熟，所以有許多被視作食材甚至珍饈的動、植物取材，若以今天的眼光看來，往往不免顯得怪誕。不過只要能隨知識與觀念逐漸成熟而調整，了解飲食風氣與取材的演進脈絡，倒也不失為餐桌上的有趣經驗與特殊記憶。

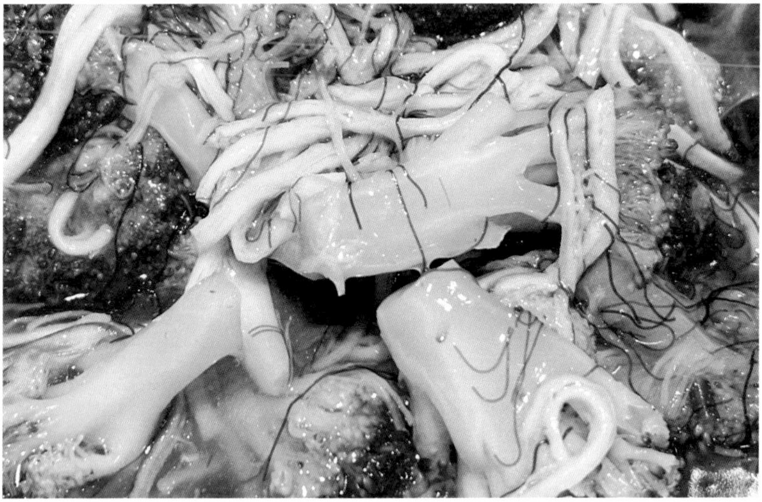

快速檢索

學名	*Bangia fuscopurpurea*	分類	紅藻	棲息環境	沿海礁岩
中文名	紅毛苔	屬性	海生藻類	食性	光自營性
其他名稱	英文中皆將類海藻稱為seaweed。				
種別特徵	新鮮藻體呈現赭紅色，但會隨著生長環境的日照、溫度與藻體本身的鮮度狀態，而從墨綠到鮮紅皆有，乾製後則不論在質地或是顏色上，都類似糾結成團的毛髮。著生於礁岩表面，但僅在為期一個月的冬季低水溫期短暫生長，加上鮮品保存不易，因此多以乾製或加工方式保存。				
商品名稱	紅毛菜、頭髮菜、牛毛藻。	作業方式	須由人力徒手自礁岩表面刮取。		
可食部位	去除泥沙或雜物後的藻體。	可見區域	東北角與離島礁岩		
品嚐推薦	因為主要分布與相關利用多以東北角為主，因此以基隆向兩側延伸，並分別向北海達淡水，向東側則至宜蘭。產地周圍在產季中多有鮮品可嚐，其餘則多乾製後方便保存、販售與加工。				
主要料理	鮮品煮湯、乾製後折鬆少油煸乾，或加工做零嘴吃食。	行家叮嚀	留意防潮以免質變而影響口感、風味與營養價值。		

蓴菜

麗質天生

蓴菜是水生植物，特殊之處在於其為還沒冒出水面的嫩芽，外觀像是被一層如同凝膠的透明質地包裹，看來賞心悅目，入口更是滑嫩鮮甜。有機會見到這種被保存在玻璃瓶中矜貴特殊的食材，也就不妨嘗鮮一試。

「蓴鱸之思」不僅述說著兩種誘人河鮮，更深層的意思還包括了對家鄉的思念，以及不如歸去的自在灑脫。

別說風味口感，光是樣貌，甚至是名稱中的「蓴」一字讀音，可能都讓人左思右想而毫無頭緒。在專販傳統食材的南北貨商號，或是別具規模的大型生鮮超市中，不乏有瓶裝或罐裝的蓴菜販售，其樣貌並非一般人印象中的生鮮蔬果，而是僅取材一種水生植

物的嫩芽或幼葉。那別緻的外型、質地乃至風味，正是蓴菜有別其他的特色之處。

蓴菜或做「蒓菜」，是一種匍匐生長於水下的植物，然後以其可向水面上延展的長莖，生長至水面後再行舒展葉片。其花朵纖細可愛，或有搭配與型態相稱的雪白或鵝黃色。而可供食用的部分，則多集中於甫自主幹準備延展的嫩芽，特別是在嫩芽的外圍有一團透明的膠體包裹，型態特殊外，口感層次豐富，並有著令人驚呼特別與會心一笑的感受。

不論是用類似古早玻璃醬油瓶或汽水瓶裝的蓴菜，或是後來已多改為清酒般的罐裝樣貌，市場出售的商品，多為方便運輸與保鮮。

國外的食用風氣不盛，推測除地理位置及氣候條件深深影響產出以外，還包括了質地纖細、分量不足以及飲食風氣差異所致，目前較多的食用以日本料理為主，並多出現於以「先付」為代表的餐前小菜中，「鉢物」與「漬物」中亦不時可見。在中國，多於燴菜或湯點中使用。

蓴菜多以常溫密封包裝，處理時僅需將瓶裝打開倒出即可。但脫離密封環境，食材便會快速退鮮，因此多在以流水輕柔漂洗後，旋即用於料理，而無須過度繁複處理。涼

拌者多直接使用；應用於蒸蛋中，則多是在蛋液經高溫凝結定型後、起鍋前放入。煮湯亦然，為確保能充分品嚐蓴菜的纖細美感，建議避免持續高溫滾煮。與風味清淡的食材搭配，互不搶味的清香雋永，方是蓴菜最顯迷人之處。

蓴菜主要品嚐部位以其尚未突出水面的嫩芽為主，其莖葉雖在產地亦有食用，但不論就風味口感與品嚐價值，總不如造型精巧別緻的嫩芽來得令人期待。主要產地在中國、東南亞與印度等地，以往臺灣曾有種植，並銷往日本，但隨環境汙染破壞與棲地喪失，加上消費者對這類特殊的食物鮮少接觸而愈顯陌生，也讓相關料理漸趨式微。

在日本，蓴菜多用做涼拌、酢物或是茶碗蒸之中，要品嚐那滑溜鮮爽的口感，入口後可以藉由舌尖與齒緣輕觸，感受那吹彈即破的纖細質地。

早期的臺菜，特別是講究豪華的酒家菜或是南臺灣的「阿舍菜」中，可見到將蓴菜添加於羹湯中的相關應用，可惜在蛋酥、魚皮、蝦仁乃至干貝等搶味食材競爭下，風味淡雅的河鮮自然不敵而相形失色，時間一久，也就逐漸被大家所忽略而最終遺忘。

同場加映

市場中多可見到的植物性水產種類取材，多以藻類為主，部分諸如水蓮、茭白筍、

蓮藕或荸薺等栽種於水中的植物，亦可在餐廳或宴席中品嚐。許多人不好食用水生植物，多來自民間相傳水中生長者多屬性寒涼，不宜多食，但殊不知這些富含膳食纖維的根或莖，不但營養均衡豐富，同時準確反映季節更迭輪替，還多隱藏著華人醫食同源的飲食文化，在享用美味之餘，還多能在春夏秋冬裡順道調理身體。

快速檢索

學名	*Brasenia schreberi*	分類	水生植物	棲息環境	淡水／池沼
中文名	蓴菜；莼菜	屬性	草本植物	食性	光合作用
其他名稱	水葵、湖菜、馬蹄菜、水岸板、水荷葉。				
種別特徵	水生植物，具有匍匐成長的走莖，向上延伸並長出平貼水面的葉片；葉片表面為綠色，葉被則為褐色至紫紅色。而一般供作食用者以未長出水面的嫩芽或幼葉為主。				
商品名稱	蓴菜；蓴芽；果凍菜	作業方式	目前皆為培育，並定期以人力收取。		
可食部位	表面包裹一層透明膠質的嫩芽與幼葉。	可見區域	臺灣未受汙染的淺水環境。		
品嚐推薦	在產地周圍不乏以其嫩莖為食，但主要製成商品者，仍以其未生長於水面的嫩芽為主。傳統臺菜偶有使用，但目前多為日本料理應用。多數商品以密封罐裝保鮮，可購回後自行涼拌或滾煮羹湯品嚐。				
主要料理	生鮮涼拌或煮湯。	行家叮嚀	風味清淡，主要品嚐重點為包裹嫩芽或幼葉的透明軟滑膠質。		

魚卵與蝦卵　風味各異，大小有別

雖然亦供作食用，但更多機會與場合，利用不同顏色與顆粒大小，稱職的扮演著刺激食慾、提升風味或是增加氣勢的功能，因此不論在沙拉、冷盤、生魚片或壽司中，總可見到如同寶石般耀眼的蝦卵與魚卵，就更別說那入口後的奇特口感，以及以齒緣或舌尖伴隨雙唇所感受的嗶啵脆彈。

來自水產種類的卵粒，不但晶瑩剔透，同時隨種類及其成熟狀態不同，往往別具調理與品嚐價值，因此也讓分別來自魚類與蝦蟹的卵粒，成為料理中的常見取材。

有別於經常食用的禽類卵粒，舉凡魚蝦蟹乃至軟體動物中頭足類的卵粒，不但大

小、外形與質地隨種類差異甚大，同時構造多顯不同。例如各類魚蝦蟹貝的卵粒皆不具卵殼，同時其成分隨淡水與海洋棲性不同，還有組成成分及其比例上的明顯差異。不過相同的卻是除極少數的種類因為具有毒性或口感不佳而不適食用外，多數在長時間利用卻尚未影響資源的魚卵採捕、加工與應用，在全世界皆有之，而其主要取材，便來自雌體腹中成熟的卵粒，或是部分如蝦子與螃蟹等，以泳肢或抱卵肢抱縛於尾節或腹甲下方的卵粒。這些卵粒大多以圓形為主，顏色、質地及其中油脂與水分的組成比例，則與發育時間與階段密切相關。

不過目前所食用到的卵粒，有許多為了迎合料理需求或滿足消費市場的偏好，而以染色及調味方式修飾，甚至還取上特定的名稱，藉以增加銷售或以其刺激消費。

卵粒可依據來源區分為魚卵或來自蝦蟹等物種的卵粒，或依據樣貌區分為分散或聚集等形式。例如市場上一般所稱的蝦卵，除僅有少數分別來自於角蝦（sacmpi, *Nephrops* spp. 或 *Metanephrops* spp.）、異腕蝦或牡丹蝦等相對深水性的蝦類外，亦不乏以取材自柳葉魚或毛鱗魚的卵粒，經染色後再賦予蝦卵販售的商品。

其餘來自於魚類並多用於盤飾、配色、調味或增加品嚐樂趣的可食性卵粒，則分別以分散型的飛魚卵（とびこ，Tobiko）、柳葉魚卵（まさご，Masago）與鮭魚卵（いく

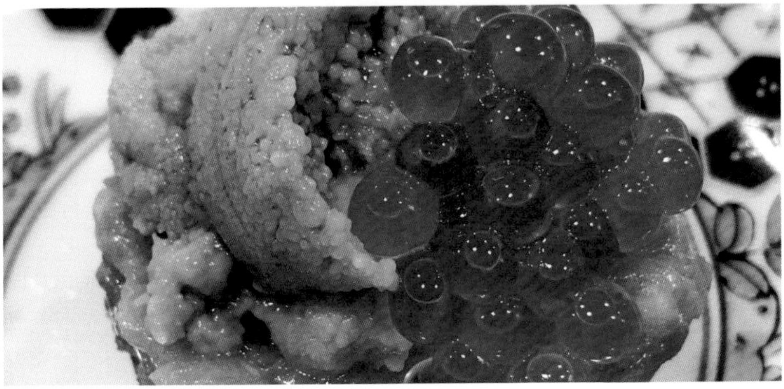

ら，Ikura）為代表，或是因為卵粒細小而多以聚集形式販售、料理與品嚐的鱈魚卵（たらこ，Tarako）、明太子（めんたいこ，Mentaiko）與鯡魚卵（数の子，Kazunoko）較為常見。

而未經劃破卵膜的鮭魚卵，則在日本有生筋子（すじこ，Sujiko）的特定稱呼。即便是未經刻意染色的魚卵或蝦蟹卵粒，也都因為色澤鮮豔、質地晶瑩且口感特殊，因此常見於盤飾妝點或料理之中，以展現色香味意形等豐富的特色與品嚐價值。

魚卵來自成熟雌魚腹中的卵粒，而蝦卵或蟹卵則多自抱持卵粒的雌體腹甲下方或泳肢處取下，雖然來源不同，但皆為撈捕收成的野生漁獲，同時皆為捕捉、銷售或加工魚肉及蝦蟹肉類時順道取下，而品質與風味表現，則與成熟狀態、撈捕海域與季節多所關聯。

商業使用的魚卵、蝦卵或蟹卵，多會在取下後分別以醃漬、烹煮或依其特性與需求而以特定的加工程序處理，常見的例如以海鹽、味醂、清酒與醬油等調合醬汁浸泡醃漬。一方面可以修飾顏色與光澤，並確保鮮度防止腐敗，另一方面還可以增添風味，日本料理中經常可以吃到的鱒魚卵或鮭魚卵，便是以此方式處理。

魚卵與蝦卵因為顏色鮮艷多變，同時形狀造型多晶瑩剔透，因此用於妝點於菜式之上，往往能帶動食慾，還能調味提鮮。因此不論是生魚片、握壽司、散壽司以及丼飯上，多可見到相關利用。

甚者還有專門使用蝦卵、蟹卵或各式魚卵，製作諸如蝦卵軍艦、鮭魚卵手卷，或是搭配鮭魚生魚片與魚卵製作親子丼，藉由卵粒的特殊顏色、質地與風味，賦予品嚐時分別於視覺與味覺上的豐富享受。

而有別於取材自鱘鰉魚卵製成的魚子醬（caviar），或是本地於年節多有製作品嚐或用於餽贈的烏魚子，這些分別取材自蝦卵、蟹卵或是不同魚種魚卵製作的商品，不但取用方便，同時顆粒、質地、顏色與氣味多有豐富變化，加上價格相對平實，使用也非常靈活，所以不論是添加於美乃滋中製作沙拉醬，或是妝點於各類新鮮生菜組成的沙拉表面，既可賞心悅目，也可增添微妙的細緻口感，也難怪相關種類總是受到餐廳廣泛使用，並深獲消費者喜好。

同場加映

值得留意的是由於目前食品加工技術發達，因此常有過度加工或是資訊不清的狀況。例如為滿足消費偏好而不免使用的調味或染色，以柳葉魚或毛鱗魚卵標示為蝦卵販

售，或是以顆粒較小或取得更顯方便的鱒魚卵取代鮭魚卵。花錢事小，頻繁食用後，不免對飲食習慣或口味偏好產生錯誤引導就不好了。

快速檢索

成分	蝦卵、蟹卵或魚卵	分類	加工製品	葷素屬性	葷食
取材來源	蝦類或蟹類抱縛於外的卵粒，或特定魚種成熟雌魚腹中的魚卵；風味則因種類不同而異。	加工類別	醃漬	販售保存	冷藏／冷凍
商品名稱	依據種類不同而有名稱差異，亦有相互混用的狀態，例如市售的蝦卵多為柳葉魚或毛鱗魚的卵粒經染色而成。				
商品特徵	粒徑大小、質地、顏色與風味表現，多與取材來源與加工形式密切相關，購買前可充分藉由閱讀商品標示得知。多以冷藏或冷凍的軟袋、瓶裝或罐裝形式出售，亦有已經混入沙拉或醬汁中的現成或即食商品。				
商品名稱	蝦卵、蟹卵、柳葉魚卵、飛魚卵、鱒魚卵或鮭魚卵。	烹調形式	退冰後可直接食用、拌入醬料或搭配其他食材一同品嚐，具有美化、調味與提鮮等多樣功能。		
可食部位	經醃漬或調味的卵粒。	可見區域	進口加工商品，各地皆有出售。		
品嚐推薦	蝦卵多撒布於沙拉或混入壽司飯中製作花壽司使用，亦偶與染色調味蟹卵製作軍艦捲；鱒魚卵與鮭魚卵除用作手卷外，也多有搭配取材相同魚種的生魚片，製作握壽司或親子丼，一次品嚐分別來自於卵粒與魚肉的多重風味。				
推薦料理	即食小菜、生魚片與壽司	行家叮嚀	多數經染色與調味處理，因此建議適量攝取，並留意醃漬調味的過高鹽分。		

䱂

美味陳釀

取材來源廣泛，包括各類魚蝦蟹貝，唯獨形色不佳且風味強烈，所以除非早已習慣或深深愛上，否則初次嘗試多需鼓足勇氣。承襲千百年醃漬與發酵技術所形成的特殊風味的「䱂」，從日韓、臺灣到東南亞皆有，除是搭配清粥或地瓜稀飯的絕配，同時濾出的醬汁，也多是讓涼拌菜或燉煮出色誘人的風味關鍵。

用料取材不限，但若要鮮美則需海味，而品嚐方式亦廣，只要能跨越對於外型樣貌與顏色質地的懷疑。極具衝擊性的腥鹹之後，多有愈顯甘醇的芬芳尾韻，特別是那經過時間的陳釀，質樸、懷舊有餘，滋味非凡。

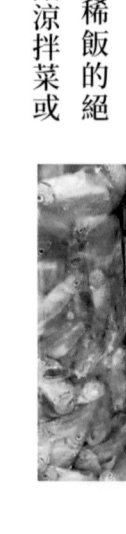

所謂的「脡」，便是取材生活日常食材，藉由添加適當比例的鹽分，以利長時間的保存並修飾風味。其中多半是罕具鮮食或商品價值不高的漁撈混獲，又以具多樣性組成的海產種類最為常見或經常使用。

在資源有限且對其份外珍惜的早期，人們總會利用生活積累的經驗與純熟的技巧，讓食材得以發揮利用，同時也提供尋常生活的確幸。特別是在濱海區域，廣泛取材種類包括石蚵、珠螺、俗稱赤嘴的環文蛤，乃至溪蝦、蝦猴、毛蟹與分別由臭肚與魩鱙等小海魚，依據時令採集並加鹽醃漬後密封，並使其在常溫下受特定菌種的發酵作用後，變成為滋味非凡的醃漬美味。

這類為求可以長時間保存的醃漬品，多半會藉由大量鹽分添加，以篩選特殊菌種，或抑制雜菌可能造成腐敗而影響風味，所以曾經有嘗試過的人，印象總來自鹹到不行及腥味的強烈感受。其實類似的製作與食用風氣，在漁產豐富的國家皆有之，只是取材與製程稍有差異。例如被稱為全球最臭罐頭的瑞典鹽醃鯡魚，便有著類似的做法，日本亦有「鹽辛」或「酒盜」。前者以魷魚內臟添加鹽分後醃漬切碎的胴部與腕足；後者則多將取自鰹魚的內臟加鹽醃漬發酵。

不論用料取材是來自軟體動物的青蚵、珠螺、赤嘴，或是俗稱為「流爛」的武裝魷，或是分別以被統稱為「黑殼蝦」的米蝦、個頭稍大的溪蝦，以及別具當地特色的毛蟹或蝦猴等甲殼類，甚至是使用春夏交界時大量採捕的「臭肚苗」、「魩鱙」或鹹水養殖池中的大肚魚等。用以製作膎的取材，除多以各式河鮮海味以外，同時體型多半介於一到兩個指節之間。體型嬌小除容易使醃漬用的鹽分迅速滲入，以確保鮮度品質並避免腐敗外，同時亦有助於修飾口感與風味、有效縮短從製作到品嚐所需時間。

製作時這些素材必須分門別類各自單獨製作，以利掌握發酵時間，其次則是不得觸碰或沾染生水，以免造成雜菌汙染。因此一旦以鹽分拌勻後裝入事前洗淨並以滾水燙煮後倒置放涼的小玻璃罐後，便不再開啟，直到完成發酵。

隨用料取材、使用鹽分多寡與發酵時間長短，多有著微妙的風味變化。短時間的發酵品，如鹹醃蜆或醃白底仔般，具有柔滑鮮香的口感，但若經久擺放，使其充分發酵之後，則會在時間、溫度與微生物的複雜作用下，將食材中的蛋白質水解消化，產生極為特殊的風味。對老一輩的長者而言，這不但是年少時的熟悉風味，同時也是佐餐最常搭配的懷舊鮮香。

從基隆經金山到淡水的北海，因為多有沿岸小釣與撈捕作業，因此多會使用春季捕

獲約莫一、兩個指節大小的臭肚魚苗製作俗稱「茄苳膎」的鹽醃品。而在彰化鹿港或澎湖，則因為在灘塗、淺海或日常漁事作業中，多有沿岸居民自行採捕的少量漁獲，或是經濟價值不高的副產，只要鮮度不差，當地人往往善用資源與巧思，以鹽醃漬並裝罐密封，製作成為各家珍藏的美味。這些商品或許不甚美觀，更因多屬自用而別說成為商品販售，但若有機會一嚐，特別是搭配清粥，初嚐或許鹹味明顯，但卻鮮香有餘，且有久久不散的醇厚回甘。

同場加映

以鹽分或具有相對較高鹹度醬料生醃水產的製作方式，往往隨地區、資源或飲食習慣不同而或有差異。有的如鹹醃蛤或東北角一帶經常可見的淺戳仔（笠螺）或白底仔（方蟹），僅醃漬隔夜待食材入味後便可食用，但有的則如在北部的茄苳膎或是以彰化鹿港為主的蝦猴膎、石蚵膎或珠螺膎，必須放置數週至數月後，待其充分發酵並轉化特殊風味與口感後，再行開罐品嚐。類似的調理製作，在以各類泡菜（辛奇）著稱的韓國，以及專擅海鮮料理的日本也經常可見。

快速檢索

成分	各類小型或副產河鮮或海味。	**分類**	加工製品	**葷素屬性**	葷食
取材來源	螺貝、軟體動物頭足類、蝦蟹或魚等。	**加工類別**	醃漬／發酵	**販售保存**	密封／常溫
商品名稱	中文多以「膎」、『鮭」或「醢」表示，英文稱為 Pickled pulpy seafood。				
商品特徵	取材多樣的河鮮或海產，然後添加大量鹽分密封醃漬，並利用特定微生物發酵，一方面修飾口味並使在常溫下可長久保存，另一方面則可利用發酵過程水解蛋白質，別具特殊風味與口感，同時隨取材不同而各具特色。				
商品名稱	依據用料取材不同而定，例如珠螺膎、蝦膎或蝦猴膎等。	**烹調形式**	可直接食用，或用以拌炒菜蔬、清蒸或燒燴菜式中亦有使用。		
可食部位	全數可食，包括固形物與湯汁。	**可見區域**	北部以東北角及北海、中部以臨海的彰雲嘉等縣市，離島澎湖亦有。		
品嚐推薦	傳統的食用方式與時機，多在早餐配上白粥，由於以大量鹽分保鮮並發酵，因此鹹鮮為尤其明顯，同時開胃爽口；亦可鋪於豆腐上清蒸或燒燴，或加於快炒菜蔬中，亦別具風味。				
推薦料理	搭配清粥品嚐最能突顯懷舊風味。	**行家叮嚀**	長時間發酵不免有相對較高量的亞硝酸鹽，同時偏高的鹽分也多需酌量食用。		

蟹膏

尾韻十足

蟹膏並非一個特定的組織或器官，而是指取材雌雄蟹的生殖腺，其中還包括部分肝胰臟，顏色隨種類與成熟狀態或有不同，但強烈鹹腥、略苦以及悠長的尾韻卻是共同特色，顏色從鵝黃、墨綠到深褐皆有。可以是掀開蟹蓋直接品嚐的痛快享受，也可以是搭配生魚片或握壽司，匠心獨運的調味提鮮。

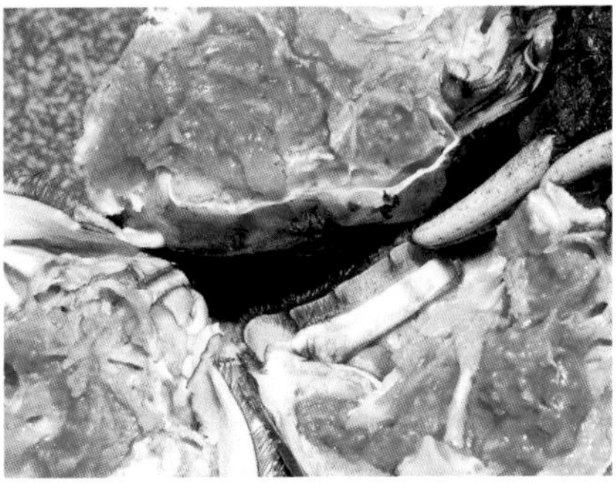

蟹膏有別於生醃蟹或蟹醬，前者以整隻活蟹或生蟹浸入醬汁，待入味後品嚐；而蟹醬則將全蟹攪打均質後，利用鹽分與溫度發酵以產生特殊風味。至於蟹膏，則是單取螃蟹的肝胰臟與生殖巢製作，因此可謂是精華中的精華。雖然單吃不免鹹腥，但用在搭配醬汁佐味，或是用於蘸料調味提鮮，卻可創造出別具大人風味的十足尾韻。

人們對蟹類的喜好或有差異，但不可諱言的是那明確的季節性，以及難以取代或幾無任何相似的口感，更何況還隨種類、體型大小甚至性別不同，多有風味上的明顯差異。雄性以品嚐蟹肉為主，而雌蟹則自然是那殼內飽滿的蟹膏或蟹黃。可惜活蟹取得不易且蓄活困難，且在過程中多因無法充分活動進食而讓風味大打折扣，所以方有了蟹膏這類加工品的出現。

蟹膏主要取自產於溫帶海蟹的生殖巢，其中尤以日本與韓國為主，且為方便儲運保鮮，所以市面經常可見者，多為玻璃小瓶或馬口鐵裝罐，也因取得不易，價格昂貴。

用以製作蟹膏的取材多來自可大量捕獲，同時多作為分切或取肉的溫帶蟹種，

所以相關撈捕作業與加工，以溫帶地區的歐洲、北美與東北亞為主。不過因為飲食習慣與口味差異使然，因此歐美幾無攝食類似部位或組織，甚至對其特殊的取材、質地與口感敬謝不敏。但此等風味，卻讓東北亞與亞洲地區分外偏好，並視做足以作為蟹類風味的主要表現。因此在日本料理中，舉凡蘸料、生魚片或握壽司上，多會以蟹膏妝點以增添風味，或是藉由醇厚的甘甜與特殊芬芳，藉以襯托諸如白肉魚、螺貝、生蝦等食材價值。特別是在日本料理，當許多人對於特殊風味與食材的認知與體驗多限縮在俗稱「雲丹」的海膽卵巢時，不妨可以大膽的嘗試一下那鹹鮮、腥香同時混合濃醇甘甜風味的蟹膏。

蟹膏來自成熟蟹類的生殖巢，特別是以發育至特定階段的卵巢為主，然多數時候，為了風味與分量的考量，還多會加入部分的肝胰臟，因此方有如此特殊的顏色、氣味與質地。

有別於在熱帶地區品嚐到的成熟雌蟹，體內多以在烹煮後稍顯硬實的蟹黃為主，這類取材自溫帶海蟹生殖巢所製成的蟹膏，即便加熱後依舊呈現膏狀般的軟滑質地。即便是經過蒸煮或烘烤，顏色也多僅略微加深，並依據種類及其成熟狀態不同，而呈現由淺至深的褐色至墨綠色。

由於長足蟹類的主要品嚐集中於肉質飽滿的蟹腳，而比例相對較小的蟹身不但肉質分布有限，同時利用價值亦低，因此除了完整活蟹的販售外，多半在加工過程另行處理。而若適逢個體成熟，便自然成為掀開蟹蓋收集蟹膏的取材。

蟹膏的使用在中菜中罕有，主要原因是季節短暫、取材不易與保鮮受限。唯一可見的是在秋季大閘蟹短暫的盛產季節中，部分店家會供應蟹黃湯包或蟹黃拌麵，但其風味往往與蟹膏稍有差異。

而在本地，因為食用蟹類的對象與風氣皆以海蟹及整隻蒸煮或拆件拌炒為主，加上諸如紅蟳米糕、醬爆青蟹或避風塘炒蟹、南洋風情的咖哩蟹，分別以品嚐有成熟蟹黃或

是飽滿肉質的「青蟹」為主，時而以由「石蟳」、「花蟹」與「三點蟹」共組的萬里蟹替代，也不易品嚐到蟹膏的特殊滋味。

但在日本料理中，往往可以見到蟹膏的頻繁使用，不論在蘸料、醬汁甚至主菜中，多有巧妙利用。蟹膏可能調在用以蘸食生魚片或是握壽司的醬油之中，也有可能是擺放些許在茶碗蒸、白肉魚、生蝦或是蟹肉的生魚片或握壽司上，用以增添入口後的氣味與層次感。而如果獨好這濃香風味，滿滿蟹膏的軍艦卷，可大口享受。

同場加映

類似製作與使用方式的加工品，還包括了取材自海膽卵巢的「雲丹」，以及取材自魷魚或鎖管內臟製作的「鹽辛」，若有機會試試，分外適合作小菜品嚐。

 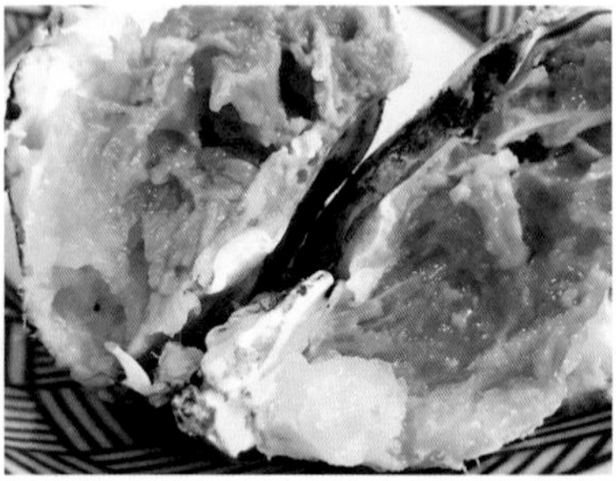

快速檢索

成分	蟹類的生殖腺；以卵巢為主，或包含部分肝胰臟。	**分類**	加工製品	**葷素屬性**	葷食
取材來源	溫帶產長足蟹類或部分梭子蟹；惟皆以海蟹為主。	**加工類別**	蒸熟品	**販售保存**	密封／冷藏
商品名稱	一般稱為蟹膏，英文中以crab brown meat表示。				
商品特徵	主要分為純蟹膏與蟹膏調味的即食商品，前者多為小分量的玻璃罐裝或馬口鐵罐頭，後者則為冷藏或冷凍的軟袋，並於其中添加包括蟹肉、蝦仁或頭足類碎塊；風味口感與相關料理使用多以韓式拌飯或日式料理為主。				
商品名稱	蟹膏	**烹調形式**	可直接使用或食用。		
可食部位	開罐或開封後可直接利用。	**可見區域**	大型百貨超商、水產食材行或是日式料亭、壽司店或居酒屋。		
品嚐推薦	日式料理多以蘸醬、調味醬汁或妝點於茶碗蒸，以白肉魚或生蝦為主的生魚片以及握壽司上，用以調味提鮮並增加風味層次。				
推薦料理	甜蝦、軟絲生魚片或蟹膏軍艦卷。	**行家叮嚀**	具有明顯鹹腥風味與黏稠口感，建議初次可由淺入深的少量嘗試。		

特色漁港魚市

北部

基隆崁仔頂魚市

崁仔頂位於高速公路基隆端引道下方，營業時間為週二至週日凌晨一點至六點，週一凌晨固定休市，在所有大型批發市場中，算是交通最方便，同時兼具批發、零售與觀光屬性的市場。供應臺灣新竹以北各大市場、餐廳乃至生鮮超市魚貨來源，廣泛包括淡、鹹水，以及撈捕與養殖魚貨，為北臺灣水產最大集散地。雖然漁獲由四面八方匯聚而來，但季節性捕獲的白帶魚、鎖管與沿岸礁岩性魚類，或如冬季盛產的紅鮒與海蟹等，加上甜不辣與魚餃等夙負盛名的各類魚漿製品，皆為市場主要特色。市場一旁有幾乎二十四小時營業的廟口夜市，早上至下午則由仁愛市場二樓的各類美食，結合具有風土人情或歷史背景的基隆來上兩天一夜的輕旅行，也算兼具知性與知識深度。

基隆崁仔頂魚市

基隆崁仔頂魚市

宜蘭頭城大溪漁港

頭城大溪漁港可由五號國道自頭城交流道下來往基隆方向，沿濱海公路開車半小時內可達，或經基隆市區，順著濱海公路欣賞沿途風景，約莫一小時半的車程。大溪漁港為臺灣少數以深場底拖網作業的漁港，雖鄰近的石城、大里與梗枋素以魩仔魚及定置網表層洄游魚類聞名，但大溪漁港卻以每日在中午返港卸貨，包括胭脂蝦、葡萄蝦與大頭甜蝦等各類海蝦，以及諸如紅目鰱、肉魚、馬頭魚、黑喉與紅喉等種類著稱，同時因為採底拖網作業，漁獲中不乏形態特徵並少見的魚蝦蟹貝為主，例如櫻花蝦、那個魚與俗稱無眼鰻的盲鰻，多有不讓屏東東港專美於前的品質。而當周邊定置網於颱風季節歲修前，也多有藤壺或龜爪的出售，搭配附近漁民採集的淺戳仔或白底仔等在地風味，非常適合探奇嚐鮮。

宜蘭頭城大溪漁港

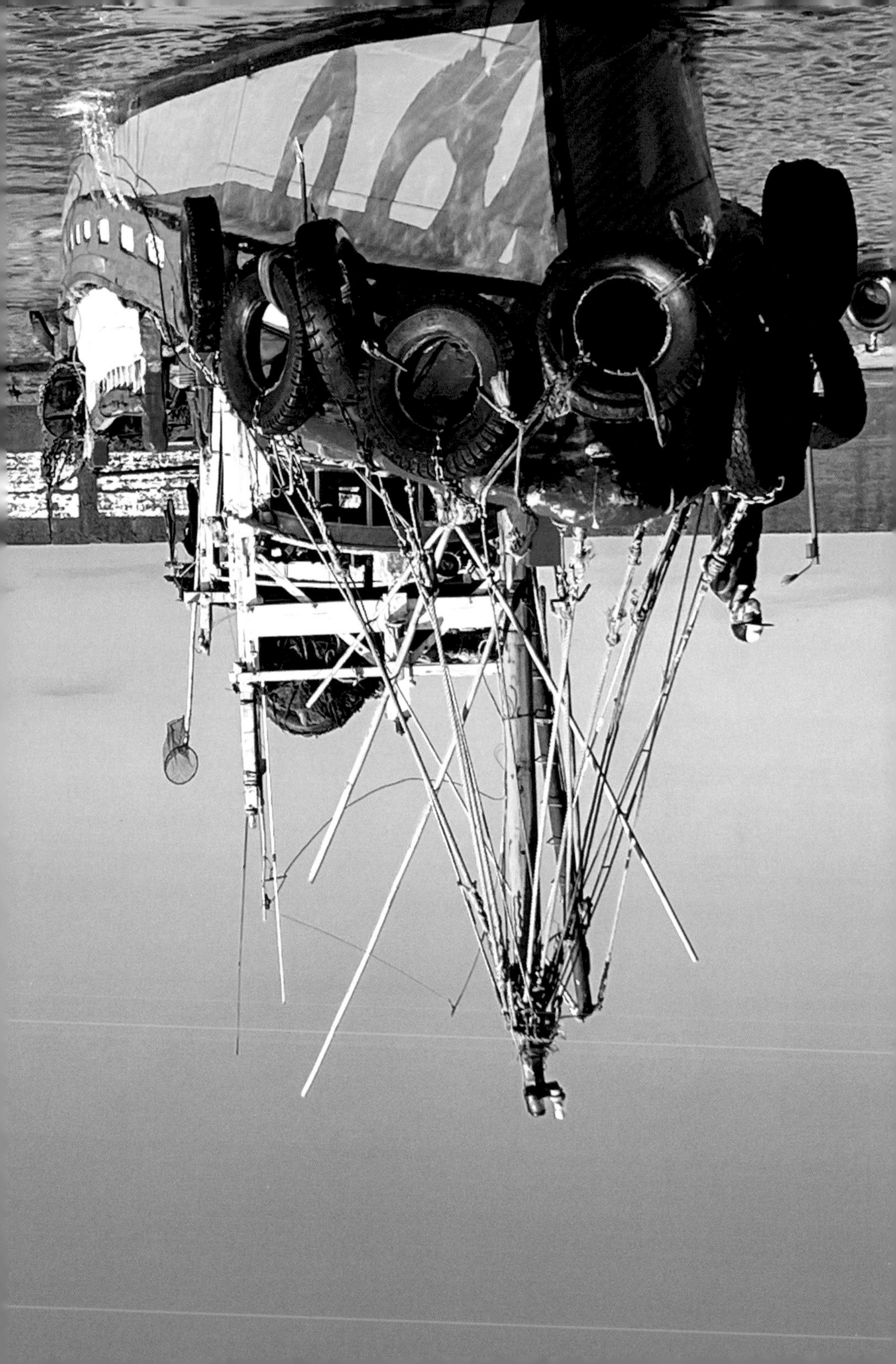

宜蘭頭城大溪漁港

南方澳新魚市場（原南寧魚市場搬遷）

南寧魚市場在距離市區約莫五分鐘的車程，多是造訪蘇澳或南方澳時，會順道前往的小型魚市，且由於漁獲為每日返港的漁船供應，當日現流漁獲鮮度絕佳，自然成為宜蘭餐廳或私廚採購現流海產的主要來源。而漁業署於原市場對面興建並於二〇二三年二月開幕之南方澳新魚市場，則提供更加清潔明亮與妥善規畫的嶄新服務。

南方澳的特色水產以隨季節時令、海況與漁法不同而種類各異的收成著稱，深水延繩或底拖網除有捕獲大目鰱、角蝦與馬頭魚等種類外，混獲的擬鱸、蝦母以及俗稱國光的角魚等，也都因鮮度不差而值得一試。港邊有櫛比鱗次的特產行與海產店，除販售特色料理外，還包括以鬼頭刀魚漿現場自製飛烏虎魚丸，搭配市場中不時販售取自煙仔魚、鰹魚乃至鮪魚的魚雜，也可把握機會稍加嘗試。而伴手禮品則首推夙負盛名的茄汁鯖魚罐頭。

南方澳新魚市場

苗栗龍鳳漁港

由西濱快速道路可輕鬆抵達的苗栗龍鳳漁港，周邊因為停車方便、具有寬闊腹地，加上攤販因觀光人潮聚集，讓以往單純供作周邊魚販批售的市場，逐漸擴張成兼具觀光休憩與體驗在地產業的有趣場域。龍鳳漁港在下午一點後進行拍賣，但周邊的魚販為滿足觀光客嚐鮮需求，早提前備妥當地撈捕的漁獲，特別是自家擁有漁船的小攤，多能落實產地直送，提供鮮度絕佳同時價格合理的魚貨。拍賣市場僅開放承銷人參與競價拍賣，不過還是開放隔著柵欄讓圍觀的人們可以欣賞卸貨、議價或拍賣等有趣過程。銷售的漁獲以當地捕獲為主，因此常見沿海淺灘出產的石首魚、花苓仔與金錢魚等，此外，分別以誘釣或刺網收成的牛舌魚與沙梭等，也堪稱味美無敵。漁港一旁也有販售熟食，多以烹炸為主，有趣的是除大夥熟悉的花枝丸、鹹酥雞與熱狗外，當地撈捕的漁獲，也多成為料理販售品項，讓人眼界大開。

苗栗龍鳳漁港

苗栗龍鳳漁港

中南部

嘉義布袋漁港

布袋漁港雖是產地直送，但經營方式卻是以觀光魚市為主，因此從外圍到市場中心，分別為停車區域、周邊道路、圍繞著市場的熟食區，以及中間部位販售各類鮮魚、蝦蟹、螺貝與海藻的攤位。布袋鄰近鮮蚵主要產區，但因為活絡的小釣漁業，而讓可供應種類豐富多元，從各類底棲性的魚類與蝦蟹外，諸如西施舌、風螺或龍鬚菜等種類在市場亦尋常可見，特別是皆以鮮活形式供應，小攤除多熱情介紹外，也多會指引代客料理的推薦店家，而在諸如烏魚或海蟹盛產季節，也多會出售取材自野生與養殖烏魚的魚膘、魚腱與各家自製的烏魚子。而在周邊販售各類海味吃食的小攤，從以蚵嗲為主，兼售各類裹漿炸物的炸粿攤，到隨性酥炸的鹹水吳郭魚、四破魚或不知名的海蝦等，也都是饒富當地風味與品嚐樂趣的小吃。

嘉義布袋漁港

金鯧魚
海黑棤
大黃魚
海午仔

豆仔魚
海鱸魚

嘉義東石漁港

東石漁港雖以鄰近漁船捕獲或養殖生產，批售給當地魚販或餐廳料理之漁獲使用，但每逢假日，或是觀光客安排特意造訪，也多可從中感受有趣的市場氣氛。除了認識當令漁獲外，熱情的魚販也會介紹來自當地沿岸捕獲為主、養殖為輔的魚種。特別是近岸沙質淺水，或是多有蚵棚蚵架矗立的海域，豐富食物與多樣棲地形式，讓包括黑鯛、牛尾魚、沙梭乃至各類蝦蟹與頭足類，都成為當地夙負盛名的美味種類；因此只要能大致辨識鮮度，並請周邊攤商推薦可代客烹煮的店家，便能痛快享用豐盛一頓。當然也可以選購回家，對於這類產地直送、精挑細選且鮮度絕佳的現流漁獲，愈是簡單的氽燙、清蒸或乾煎，愈能展現食材鮮甜原味。

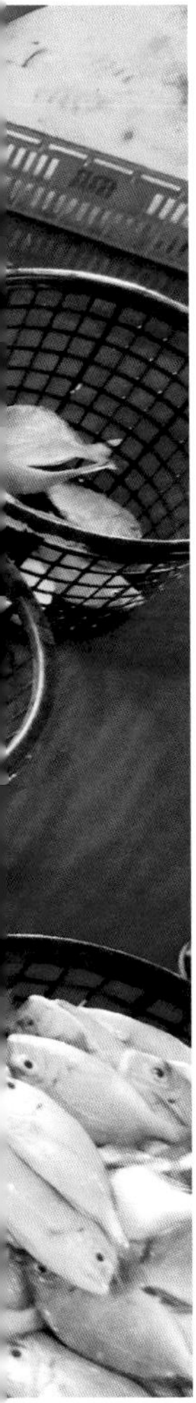

嘉義東石漁港

嘉義市東公有零售市場

俗稱東市場的此處，並非僅是當地居民打理日常三餐的採購供應，或是讓觀光客特意為著諸如牛雜湯、涼麵、肉捲或魯熟肉造訪的美味打卡景點，而是在頗具規模的市場及其周邊，可以見到新鮮豐富的時令產出。可以是來自山區的時令盛產蔬果，也可以是來自海濱的現流魚蝦蟹貝，更何況在養規模不亞於鄰近雲林、臺南與高屏的嘉義，還多能品嚐同樣是產地直送的白鰻、鱔魚、田雞、虱目魚與草魚等養殖美味。也因為活絡的撈捕與養殖生產，所以可以發現在市場的魚攤不但數量比例明顯偏高，同時攤攤鮮度絕佳，而現場打理的熟練功夫，以及當地人擅於品嚐各類水產的挑剔口味，也讓諸如虱目魚腸、烏魚膘與烏魚腱等美味，在表現上與臺南高屏相較，絲毫不惶多讓。

嘉義市東公有零售市場

鴻益祥

嘉義市東公有零售市場

臺南安平魚市場

安平魚市場在深夜進貨、凌晨開賣，而當大多數人循著早餐香氣依序醒來，準備一天上學上班開始之際，主要以批售為主的市場，已然功成身退，彷若鉛華落盡般回歸平淡，得等到翌日凌晨前分，才會再顯人車雜沓的活絡繁華。既是沿岸撈捕漁獲的匯聚中心，同時也仰賴周邊養殖生產供應，好讓前來市場採購的攤商，可以一次辨足買好。其中舉凡府城風味代表的虱目魚、草魚與鹹水吳郭魚，到沿近岸多有捕獲諸如黑鯛、黃鰭鯛與黃錫鯛等各類鯛魚，或是養殖供應的鰻魚、筍殼魚、俗稱珍珠魚的軟骨鯉魚及鱉等，也多讓河鮮海味匯聚一堂，不怕找不到合味好吃的食材，反而是擔心空間有限的肚腹無力銷售。沿著運河並參照路牌指標即可抵達，周邊有方便的停車場，參觀完魚市場的活絡交易後，正好是牛肉湯與稍後虱目魚粥的出攤時刻，剛好及時一解饑腸轆轆。

臺南安平魚市場

臺南安平魚市場

臺南水仙宮市場

水仙宮市場的歷史悠久，市場中除有廟宇可供參拜外，特殊的氛圍也彷若將人帶回早期純樸生活，就連市場中販售的魯麵、四神湯與傳統零食，以及市場一側與對街多有販售的鮮魚湯、碗粿、香菇肉粥以及青草茶，都讓人能隨便就找出理由，值得早起逛逛。市場中可見到以販售當地生活與日常三餐所需的各類葷素食材，而口味早被訓練至分外講究在意的婆婆媽媽，不論對於文蛤、火燒蝦或是看似尋常的魚皮、魚肚與魚丸等虱目魚產製品，總有各自講究的品質評判。不時出現在市場中的鱸麻，或秋冬之際登場的土魠與竹午，則是引人垂涎的時令美味。此外，市場角落還有現場製作蟳丸與蝦捲的專業店家，不但清楚展示著別具自信的用料取材，還多樂於分享私房推薦的料理與品嚐方式。

臺南水仙宮市場

臺南水仙宮市場

屏東小釣漁獲批發市場

小釣漁獲或養殖漁獲拍賣市場，位置正處鮪魚拍賣市場對面，從市場牌樓進入右手邊便是，周邊有方便的停車場；營業時間為凌晨一點至六點，天亮七點以後則多為遠洋漁業凍貨的處理，雖然規模不比凌晨，但仍可見到處理旗魚與鯊魚的相關作業。營業時段主要以批售撈捕、養殖與少量的進口水產品為主，其中不乏屏東頗具特色的石斑、午魚與鱸魚等養殖魚種的穩定供應，而在市場底端則可見到專業打理與分切虱目魚的攤商，正以熟練快速的精湛技巧，將整尾虱目魚依序分切為魚肚、魚頭、魚片與里肌，並依據大小肥瘦區分等級並以固定重量包好。而同時段在往前走上一、兩分鐘，則可見到處理鮪魚與旗魚鮮魚的小型市場，在打理過程中所整理出的各類魚雜，往往是吃貨饕餮才懂欣賞的美味。而每年十一月至翌年五月的午後，還有櫻花蝦的拍賣，可以感受熱烈活絡的氣氛。

屏東小釣漁獲批發市場

屏東小釣漁獲批發市場

屏東鮪魚拍賣市場

鮪魚拍賣市場隨月分別多有作業時段調整，除市場公休日外，主要差別在於五至七月的黑鮪魚季，多會將時間提早到早晨六點卸魚，七點拍賣，而一般時段以「黃鰭鮪」為主，其餘鮪魚、旗魚與油魚等魚種的拍賣時間則為中午前後。鮪魚拍賣市場雖僅供承銷商競價標售，但參觀時仍可在不妨礙作業並確保安全下自由活動，從師父以人力肩扛方式將船上的鮪魚或旗魚運搬至碼頭，隨後由推車或搭配摩托車將數十至數百斤的鮮魚送至市場中排列整齊，等待稍後的拍賣。此時可見到承銷商多以鐵籤穿刺魚之尾柄取樣判斷，好依據觀察與多年經驗，決定稍後的出價高低，多是可在參觀時觀察的細微之處。直到競標完畢，鮪魚會分別被送至得標魚商或攤位，部分在現場便會分切；因此除可欣賞到難得一見的精湛刀工，不消片刻，被分切為不同部位的鮪魚，便會送入市場冰櫃中冷藏等待熟成，在風味絕佳時開始販售。

屏東鮪魚拍賣市場

屏東華僑市場

屏東多將外地前來行旅或觀光客稱為華僑，因此同時提供時令海鮮、地方特產、伴手禮品乃至生猛海味的市場，便稱為華僑市場；雖商品銷售多以外地顧客為主，然本地消費者也不時前來，甚至還有鄰近區域的餐廳魚販，抓準底拖網漁船進港的午後時分，前來採購鮮度絕佳的現流魚蝦；其中夙負盛名的深水拖網或底拖網漁獲，更是不乏諸多美味魚蝦，例如一般市場少見的蝦母、角蝦、胭脂蝦與大頭甜蝦等，以及從紅喉、當地分別俗稱為黑加網與炎公的黑喉與紅目鰱，便是值得一試的美味。華僑市場中的許多攤位以標榜生鮮現流為招攬顧客的招牌，但其以櫻花蝦、油魚子與黑鮪魚為「東港三寶」的品項，也因為自產自銷而物美價廉，就更別說當場現做現吃的旗魚黑輪、燻魚雜與諸如雙糕潤等特色吃食。

屏東華僑市場

屏東華僑市場

離島

澎湖馬公第三魚市場

馬公第三魚市場堪稱澎湖最大魚市場，每早活絡的交易，包括批售、零售與迅速包裝並空運至臺灣的各類時令漁獲，除具產地直送優勢而鮮度絕佳外，隨春夏秋冬多有豐富出產的海藻、鎖管、各類石斑，以及土魠與明蝦等，無一不是令人心神嚮往，垂涎欲滴的美味；更何況在市場周邊，還總可尋覓包括刺河豚、花枝卵、多種類海藻以及螺貝類等，別具在地風味的吃食。加上市場攤販多提供空運宅配服務，方便在參觀並體驗市場氛圍外，還能務實的為自己與家人覓得美食；只不過為一的代價是必須起早搶先，方能在早晨九點市場交易漸趨歇息以前，好好感受一番。每日凌晨陸續返港的漁船，會在港邊卸下新鮮漁獲，經承銷人以填寫小紙條的方式競價，價高者得，如此既不傷和氣，又能為漁民帶來最大收益，一舉兩得，好處多多。

澎湖馬公第三魚市場

澎湖馬公第三魚市場

澎湖北辰市場

如果在旅程中難以早起，也不好全是鮮魚活蟹的拍賣市場，鄰近市區的北辰市場，或許是造訪澎湖當地，在早餐前後值得一逛的傳統市場。方才現身拍賣或批發市場的現流海貨，有一定比例是銷往這供應當地居民日常三餐需求的攤販，而更令人感到好奇與興趣的，則是在市場旁、每個路口，那怕是就以小板凳與簡單幾個塑膠盆，就地做起生意的小攤，特別是多以販售由石滬捕捉的小魚蝦、徒手採集的螺貝類，或是隨季節採摘的各類海藻，都是鮮度絕佳，同時期間限定且數量有限的美味。而市場在販售多樣鮮魚外，也多有販售從透抽干、當地俗稱羊尾仔或貓尾仔的臭肚魚干，以及以章魚曬製的石鉅干等，加上不時可見自製的酸菜、長豆干、花椰菜干及狗母魚丸等產地限定風味。建議不妨可以詢問大致風味與料理方式後，自行採購組合，讓即便在家中也能輕鬆品嚐美味，並透過風味憶起這段美好旅程。

澎湖北辰市場

澎湖北辰市場

馬祖獅子市場

馬祖獅子市場歷經幾次整修搬遷，唯一不變的是保留了當地的風貌與特殊食材，以及分別由老酒、紅麴與因應氣候與吃食習慣，而多以乾製加工與保存利用的多樣水產。馬祖位於閩江口，海水鹽度稍淡但卻營養鹽豐富，因此造就了美味的淡菜與牡蠣，除此之外，四鄉五島的七星鱸、黑鯛與石鯛也十分美味，而蝦皮、黃魚與海鰻，則更是不同季節的特色出產，如果剛好在市場見到，千萬不可錯過。六點不到便開始營業的獅子市場，首先是由二樓的鼎邊糊與魚丸攤揭開序幕，而一樓的鮮魚攤，則待漁船將漁獲送達，或紛紛開始出攤營業，才將前日捕獲的鮮魚由冰箱中拿出。除鮮魚外，冬季的鮸魚與海鰻除是美味外，也多加工製程風味特殊的魚麵；市場周邊也有隨季節販售自行採集的石蚵、筆架、鋼盔乃至肥美海蟹，以滾水汆燙或老酒一蒸，滋味好到不行。

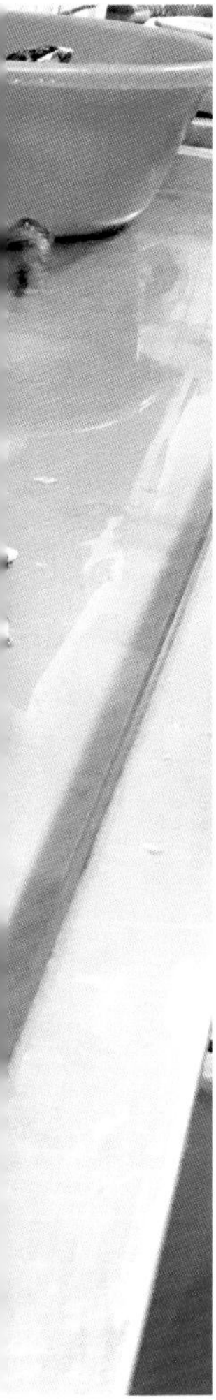

馬祖獅子市場

怪奇海產店II

馬祖獅子市場

國家圖書館出版品預行編目(CIP)資料

怪奇海產店. II : 吃不過癮 那就續攤 / 黃之暘著. -- 初版. --
臺北市 : 遠流出版事業股份有限公司, 2023.12
面；　公分

ISBN 978-626-361-222-8（平裝）

1.CST: 海鮮食譜 2.CST: 烹飪

427.25　　112013475

怪奇海產店 II

吃不過癮　那就續攤

作　　者——黃之暘

主　　編——許玲瑋
中文脩潤——許玲瑋・陳螢孎・黃倩茹
封面設計——謝佳穎
內頁版型——日暖風和
校　　對——魏秋綢
排　　版——立全電腦印前排版有限公司
製　　版——中原造像股份有限公司
印　　刷——中康彩色印刷事業股份有限公司

發 行 人——王榮文
出版發行——遠流出版事業股份有限公司
地　　址——104005 台北市中山北路一段11號13樓
電　　話——（02）2571-0297　　傳　　真——（02）2571-0197
著作權顧問——蕭雄淋律師
YLib 遠流博識網 http://www.ylib.com

ISBN 978-626-361-222-8
2023年12月1日初版一刷　　定價600元